西安科技大学高质量学术专著出版资助计划（XGZ2024055）资助

# 二维材料物理性质调控

解 忧 著

中国矿业大学出版社

·徐州·

## 内 容 提 要

本书重点介绍作者在低维物理与新能源材料方面的最新研究成果,深入系统介绍了双层石墨烯、孪生石墨烯、孪生 T 石墨烯、磷烯以及石墨烯/磷烯、$BC_6N$/BN 异质结等二维材料的物理性质调控机理,通过掺杂、吸附、应变、电场等调控手段进行改性,探讨了它们的电学、磁学、光学以及光电性质,探索了这些二维材料在传感器、离子电池、储能、太阳电池等领域的应用情况,旨在为低维纳米材料科学领域提供理论支持和实验设计思路。

本书可作为普通高等学校凝聚态物理、光电信息工程等相关专业研究生、高年级本科生的学习用书,也可作为从事低维纳米材料物理性质研究以及新能源、太阳电池、锂电池、储能等领域研究与应用人员的参考用书。

**图书在版编目(C I P)数据**

二维材料物理性质调控 / 解忧著. — 徐州 : 中国矿业大学出版社,2024.11. — ISBN 978-7-5646-6360 -5

Ⅰ. TB383

中国国家版本馆 CIP 数据核字第 2024MP3796 号

| 书　　名 | 二维材料物理性质调控 |
|---|---|
| 著　　者 | 解　忧 |
| 责任编辑 | 黄本斌 |
| 出版发行 | 中国矿业大学出版社有限责任公司 |
| | (江苏省徐州市解放南路　邮编221008) |
| 营销热线 | (0516)83885370　83884103 |
| 出版服务 | (0516)83995789　83884920 |
| 网　　址 | http://www.cumtp.com　E-mail:cumtpvip@cumtp.com |
| 印　　刷 | 苏州市古得堡数码印刷有限公司 |
| 开　　本 | 787 mm×1092 mm　1/16　印张 10.75　字数 275 千字 |
| 版次印次 | 2024 年 11 月第 1 版　2024 年 11 月第 1 次印刷 |
| 定　　价 | 48.00 元 |

(图书出现印装质量问题,本社负责调换)

# 前　言

随着传统三维半导体器件的尺寸不断缩小到纳米级别,各类微电子产品的功能、体积以及能耗进一步得到优化和升级。探索尺寸更小且性能更高的微电子元器件在集成电路技术中的应用成为主要研究热点。然而,随着摩尔定律被打破,传统的三维材料由于其量子隧穿效应和缺陷所引起的寄生效应,使得微电子器件发展进入了瓶颈期。为了突破这一瓶颈,研究者们做出了大量的努力。低维纳米材料,尤其是二维材料,其独特的平面结构、卓越的物理化学性能、较强的机械性能以及优异的电子性质引起了科技工作者的广泛关注,并在光电器件、传感器、离子电池、储能、太阳电池等领域展现出巨大的应用潜力。二维材料成为当今前沿科学技术中极富挑战性的重点研究领域之一。

本书深入系统介绍了几种二维材料及其异质结构的物理性质调控的微观机理,通过掺杂、吸附、应变、电场等调控手段进行改性,揭示了二维材料的微观结构和性能之间的关系,探讨了它们的电学、磁学、光学以及光电性质,探索了这些二维材料在传感器、离子电池、储能、太阳电池等领域的应用基础,旨在为低维纳米材料科学领域提供理论基础支持和实验设计思路。本书主要内容包括:双层石墨烯的气体吸附和储氢性能;孪生石墨烯的掺杂与气体吸附性质;孪生 T 石墨烯双掺杂的电子和光学性质,以及作为钾离子电池电极材料的吸附与解吸性能;过渡金属调控双层磷烯纳米带的电子结构,以及电场调控石墨烯/磷烯异质结的电子结构与光学性质;平面应变调控 $BC_6N/BN$ 范德瓦耳斯异质结的电子结构、载流子迁移率和光学性质;高效太阳电池材料 $BC_6N/MoSe_2$ 范德瓦耳斯异质结的电场可调谐电子结构和超高光电转换效率。

本书属于研究型著作,涉及的知识领域方向性较强,内容丰富,理论新颖,结构严谨,并附有大量文献,便于读者深入学习,可作为普通高等学校凝聚态物理、光电信息工程、材料科学与工程等相关专业研究生、高年级本科生的学习用书,也可作为从事低维纳米材料物理性质研究以及新能源、太阳电池、锂电池、储能等领域科学研究和工程实验人员的参考用书。

本书涉及的所有内容均为作者近年来的科学研究成果,曹松、吴秀、于冰艺、高月、姜宁宁等研究生做了大量研究工作。姜宁宁、韩伟、靳鑫文、陈政咏、肖潇飒、杜晨、李家琪、张淼等研究生参与了书稿的整理和校对工作。在此对研究生们的辛苦付出表示感谢。

同时感谢西安科技大学高质量学术专著出版资助计划（XGZ2024055）对本书出版的资助。

限于笔者的学识和水平，书中的疏漏之处在所难免，热忱希望读者批评指正。

**解 忧**

2024 年 5 月于西安

# 目　　录

# 1 双层石墨烯吸附气体分子的电场调控

80 多年前，Peierls[1] 和 Landau[2] 认为因热力学存在不稳定性，即二维材料在有限的温度条件下难以稳定地存在，二维的单原子层材料只能是三维材料的一部分。在此之后，Mermin 等[3] 用理论证实了二维磁性长程有序无法存在这一论点，之后他们又进一步证实了二维晶体长程有序无法稳定地存在。因此，尽管碳家族的三维（金刚石和石墨）、一维（碳纳米管）和零维（富勒烯）构型已经广为所知，但是科学家却迟迟没有发现碳的二维构型。尽管如此，科学家们依然不断追寻和探索稳定的二维晶体材料，进行着各种实验希望能够制备出理想的二维晶体材料。直到 2004 年，英国曼彻斯特大学的 Novoselov 等[4] 采用机械剥离法首次制备出了二维的石墨烯材料。他们将石墨机械地分解成一系列小的碎片，接着从分解出来的碎片中不断地剥离以得到更薄的石墨片，然后用普通的塑料胶带粘住石墨薄片的两侧，随后将胶带撕开使得石墨薄片一分为二，反复进行同样的操作，最终便可以得到只有一个原子厚度的薄片——石墨烯。

石墨烯是二维六边形蜂窝网状结构的碳原子单层结构，只有一个碳原子的厚度。六边形二维周期平面结构，赋予了石墨烯独特的物理性质。每个碳原子通过 σ 键与其周围的三个碳原子连接到一起，C—C 键之间的 $sp^2$ 轨道杂化使得石墨烯具有优异的结构韧性，即便是从外部施加一定强度的机械力，碳原子面发生了弯曲或者变形，石墨烯仍然能保持结构的稳定性。除此以外，石墨烯有着巨大的比表面积，高电子迁移率，高杨氏模量，高热导电性，高光学透视率和高电导性。与碳纳米管相比，石墨烯更具柔韧性，生物相容性，大表面积效应和易于被化学修饰功能化的特点，这些性能使得它被广泛地应用于透明电极，能源采集储存中的活性材料，场效应晶体管中的通道材料，催化材料等。

按照层数的不同，石墨烯可分为单层石墨烯、双层石墨烯、少层石墨烯和多层石墨烯。单层石墨烯是指由一层碳原子构成的六边形周期性二维材料；双层石墨烯是指由两层碳原子构成的六边形周期性二维材料，少层石墨烯是指由 3~10 层碳原子构成的六边形周期性以不同堆叠方式的二维材料；多层石墨烯是指由 10 层以上 10 nm 以下的碳原子构成的六边形周期性二维材料。双层石墨烯主要分为 AA 型和 AB 型两种，如图 1-1 所示。AA 型双层石墨烯是第一层的每一个碳原子刚好在第二层的碳原子之上，而 AB 型双层石墨烯的结构是第一层的一半碳原子在第二层碳原子顶部，另一半碳原子在第二层碳原子的六角中心位置。和 AB 型双层石墨烯相比，AA 型双层石墨烯具有半导体特性，并且具有与单层石墨烯相似的几何结构和电子性质。

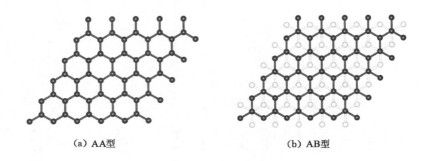

(a) AA型        (b) AB型

图 1-1 双层石墨烯结构

## 1.1 双层石墨烯掺杂 Pd、Mo 吸附 CO、NO 气体分子

石墨烯,是由 sp$^2$ 杂化的碳原子组成的六角蜂窝结构的二维材料,具有较高的热导率、电子迁移率和较低的电子噪声等优异电学特性,以及独特的光学性质、较高的机械强度、较高的比表面积和相对稳定的化学性质。石墨烯在纳米电子学、自旋电子学、微纳光子学等领域具有重要应用价值。尤其是石墨烯巨大的表面积,使其在吸附气体分子时具有很高的灵敏度,能够进行单个气体分子的检测[5],在气敏器件方面具有广泛应用前景。因此,利用石墨烯吸附气体分子受到了越来越多的研究和关注[6-18]。

CO 和 NO 气体分子是最常见的气体污染物,对人类健康和环境的危害性较大,需要有效的方法去检测和去除这些有毒气体。石墨烯作为传感器在检测这些有害气体分子方面具有相当大的潜在应用。但是本征石墨烯的物理化学性质相对稳定,对气体分子(特别是还原性气体 CO 和 NO)的吸附作用较弱,不利于石墨烯对气体分子的检测。对石墨烯进行掺杂,能够显著改善气体分子在石墨烯上的吸附效果[5],增强石墨烯吸附气体分子的反应活性和灵敏度,并且可以通过掺杂不同原子控制石墨烯对气体分子进行有选择地吸附[19]。

贵金属 Pd、Mo 经常用作催化剂,以及用于提高气体传感器灵敏度的气敏材料的研究[20-22]。但是,Pd、Mo 掺杂石墨烯吸附还原性气体分子的研究相对较少,特别是对于 Pd、Mo 掺杂双层石墨烯吸附气体分子 CO 和 NO,还缺乏系统深入的研究。相对于单层石墨烯,双层石墨烯具有更大的表面积以及更加独特的电子性质,在气体传感器以及储氢等方面具有重要优势。因此,基于密度泛函理论的第一性原理方法,本章研究了 AA 堆叠型双层石墨烯分别掺杂 Pd、Mo 原子后对 CO 和 NO 气体分子的吸附特性。研究结果将对改性石墨烯在气体传感器方面的应用产生重要影响。

### 1.1.1 计算方法与结构模型

理论计算采用基于密度泛函理论的第一性原理方法,使用 VASP(Vienna Ab-initio Simulation Package)软件进行[23]。电子之间的交换和关联采用广义梯度近似(GGA)下的 PBE(Perdew-Burke-Ernzerhof)方法描述[24],离子与电子之间的相互作用选用投影扩充波(PAW)方法计算[25],用平面波函数展开处理电子波函数,计算中的平面波基组的截断能设为 400 eV。离子弛豫采用共轭梯度算法,离子弛豫停止标准设置为 0.02 eV/Å(1 Å =

$10^{-10}$ m,下同),电子迭代收敛标准设为 $10^{-4}$ eV/atom。布里渊区积分通过 Monkhorst-Pack 方法自动生成,采用 $6\times6\times1$ 的 $k$ 点网格抽样。

大部分的双层石墨烯分为 AA 和 AB 两种类型的堆叠结构。相对于 AB 型双层石墨烯来说,AA 型双层石墨烯具有半导体特性[26],并且其几何结构和电子性质与单层石墨烯的相似。因此,为了便于与单层石墨烯吸附研究结果做对比,本书重点选取 AA 型双层石墨烯(BG)进行掺杂吸附研究。在计算结构模型中,双层石墨烯采用 $4\times4\times1$ 的超晶胞;为了消除超晶胞间的相互作用,真空层厚度设为 20 Å。在双层石墨烯超晶胞中,用一个 TM(Pd,Mo)原子替换双层石墨烯中的一个碳原子,掺杂浓度为 1.56%,图 1-2(a)为掺杂的初始结构。对于 TM 原子替换掺杂的双层石墨烯(TM/BG),把气体分子 CO 和 NO 吸附到 TM 原子上。初始吸附构型考虑 3 种不同结构,如图 1-2(b)所示,CO(NO)分子平行于石墨烯平面,记为 C1(N1);CO(NO)分子垂直于石墨烯平面,其中 C(N)原子与 TM 成键,记为 C2(N2),O 原子与 TM 成键,记为 C3(N3)。

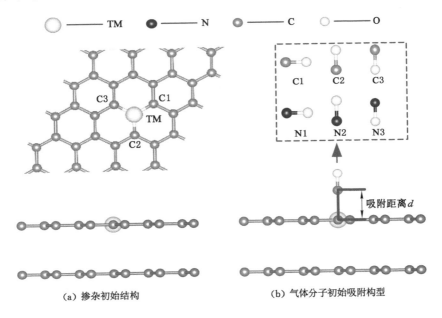

（a）掺杂初始结构　　　　　（b）气体分子初始吸附构型

图 1-2　双层石墨烯掺杂和吸附结构

## 1.1.2　掺杂吸附结构

首先对双层石墨烯替换掺杂 TM 原子进行结构弛豫,使之达到最稳定的结构,如图 1-3 所示。Mo 原子掺杂后,Mo 原子明显地向石墨烯层间移动,这与文献[27]有相似的结论。Mo 与其最近邻的三个碳原子之间的距离为 1.974 Å,Mo 原子及其周围的 C 原子明显地向石墨烯层间凹陷,形成凹陷结构。此时石墨烯上下层的层间距为 4.240 Å。掺杂 Pd 原子后,双层石墨烯的局部几何结构发生了明显变形。Pd(1.28 Å)原子相对于 C(0.77 Å)原子具有较大的共价半径,所以 Pd 原子向石墨烯层外移动,形成凸起结构。此时双层石墨烯层间距离为 4.118 Å 左右,Pd 与最邻近的三个碳原子距离为 1.952 Å。而在单层石墨烯中替代掺杂 Pd 原子,Pd 原子与最邻近的三个碳原子距离为 1.785 Å 和 1.789 Å[28]。说明双层石墨烯比单层石墨烯对 Pd 原子有更强烈的相互作用,导致 Pd 原子更加突出石墨烯表面。对比这两个掺杂体系可以发现,掺杂的 Pd 原子的 d 轨道暴露到外面,使得掺杂的双层石墨烯具有较高的化学反应活性,更加有利于这个区域与附近的气体分子(CO、NO)发生反应。

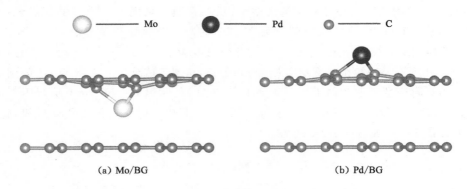

图 1-3　双层石墨烯掺杂 TM 的稳定结构

在 TM 掺杂双层石墨烯基础上,进一步研究了 CO、NO 分别在石墨烯上的吸附情况。对图 1-2(b)中每个气体分子的 3 种不同构型进行完全优化和弛豫,获得 TM/BG 分别吸附 CO 和 NO 分子的最稳定吸附结构(图 1-4),并计算了吸附体系的吸附能(表 1-1)。吸附能 $\Delta E$(单位 eV)定义为:

$$\Delta E = E_{(TM/BG\text{-}gas)} - E_{(TM/BG)} - E_{gas} \tag{1-1}$$

其中,$E_{(TM/BG\text{-}gas)}$ 为 TM/BG 与气体分子 CO 或 NO 复合系统的能量(单位 eV),$E_{(TM/BG)}$ 为 TM/BG 基底的能量(单位 eV),$E_{gas}$ 为气体分子 CO 或 NO 的能量(单位 eV)。同时,表 1-1 给出了最稳定吸附构型的吸附距离 $d$、掺杂原子偏离上层石墨烯的距离 $d_a$(负值代表向层间移动、正值代表向层外移动)以及电荷转移量 $Q$ 和吸附系统磁矩 $M$(本书中磁矩的单位用玻尔磁子 $\mu_B$ 表示,其值为 $9.274 \times 10^{-24}$ J·T)。结合表 1-1 和图 1-4,可以得到以下结论:第一,Mo/BG 对于 CO 的不同吸附构型中,C2 方式即 CO 分子垂直于石墨烯平面,其中 C 原子与 Mo 成键的吸附能最低,为最稳定吸附结构。Pd/BG 对于 CO 的不同吸附构型中,C1 方式即 CO 分子近似平行于石墨烯表面的吸附能最低,为最稳定吸附结构。这与本征石墨烯吸附 CO 分子的结构是相同的[21],但是不同于单层石墨烯掺杂 Pd 原子吸附 CO 的结构[21]。Mo/BG 对于 NO 的不同吸附构型中,N2 方式即 NO 分子垂直于石墨烯平面,其中 N 原子与 Mo 成键的吸附能最低,为最稳定吸附结构。而 Pd/BG 对于 NO 的不同吸附构型中,N2 方式即 NO 分子几乎垂直于石墨烯表面,N 原子与 Pd 成键时的吸附结构最为稳定。第二,NO 吸附的吸附能低于 CO 吸附的吸附能,说明 TM/BG 对于 NO 的吸附能力更强。第三,相对于吸附 CO,TM/BG 吸附 NO 的电荷转移量更多。同时,Pd/BG 吸附 CO 体系的磁矩是零,而 Pd/BG 吸附 NO 体系具有较大磁矩。这些结论说明 TM 掺杂双层石墨烯能够吸附 CO 和 NO 气体分子,但是对 NO 分子的吸附能力更强,因此,TM/BG 适合作为检测 NO 分子的基底材料。

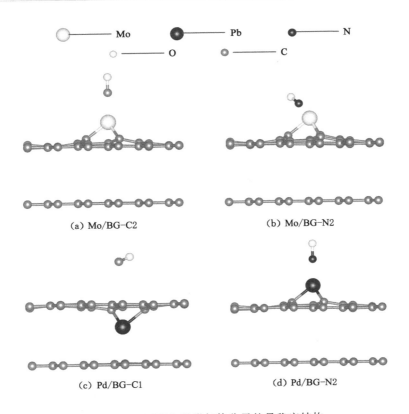

(a) Mo/BG-C2

(b) Mo/BG-N2

(c) Pd/BG-C1

(d) Pd/BG-N2

图 1-4 TM/BG 吸附气体分子的最稳定结构

表 1-1 吸附参数

| 吸附结构 | $\Delta E/\text{eV}$ | $d/\text{Å}$ | $d_a/\text{Å}$ | $Q/e$ | $M/\mu_B$ |
| --- | --- | --- | --- | --- | --- |
| Mo/BG-C1 | $-0.05$ | 3.098 | $-1.796$ | 0.01 | 1.61 |
| Mo/BG-C2 | $-0.60$ | 3.915 | 1.750 | 0.24 | 1.58 |
| Mo/BG-C3 | $-0.11$ | 2.871 | $-1.767$ | 0.01 | 1.61 |
| Mo/BG-N1 | $-1.72$ | 2.963 | 1.848 | 0.53 | 0.00 |
| Mo/BG-N2 | $-1.73$ | 2.923 | 1.865 | 0.53 | 0.00 |
| Mo/BG-N3 | $-0.01$ | 2.867 | $-1.762$ | 0.03 | 2.32 |
| Pd/BG-C1 | $-0.15$ | 3.130 | $-1.608$ | 0.01 | 0.00 |
| Pd/BG-C2 | $-0.11$ | 3.477 | $-1.620$ | 0.01 | 0.00 |
| Pd/BG-C3 | $-0.11$ | 3.307 | $-1.607$ | 0.01 | 0.00 |
| Pd/BG-N1 | $-0.34$ | 1.949 | $-1.579$ | 0.12 | 0.54 |
| Pd/BG-N2 | $-1.04$ | 3.640 | 1.647 | 0.39 | 1.91 |
| Pd/BG-N3 | $-0.31$ | 3.711 | 1.624 | 0.40 | 1.70 |

### 1.1.3 电子结构性质

下面以 CO 和 NO 气体分子的最稳定吸附结构,研究 Pd/BG 对气体分子的吸附特性。图 1-5 给出了最稳定吸附构型的总态密度(DOS)和分波态密度(PDOS)。由图 1-5(a)、(b)的总态密度可以看出,Pd/BG 吸附 CO 分子具有完全不同于吸附 NO 分子的电子性质。在吸附 CO 气体分子后,Pd/BG 体系性质由原先的半导体性变为金属性,没有发生自旋劈裂,系统无磁性;而在吸附 NO 气体分子后,系统发生自旋劈裂,Pd/BG 体系性质变为半金属性。进一步地,通过 PDOS 可以看出,在 Pd/BG 吸附 CO 分子时,Pd-4d 轨道与石墨烯的 C-2p 轨道产生强烈杂化,但与 CO 分子没有发生杂化。Pd 原子与石墨烯的 C 原子相互作用,使得 Pd 原子向双层石墨烯的层间移动。对于 Pd/BG 吸附 NO 分子,在费米能级两侧分别有两个尖峰,分别代表成键态和反键态。对于自旋向上的 PDOS,成键态和反键态都出现在费米能级以下,说明这两个态几乎全部被占据。但是对于自旋向下的 PDOS,成键态和反键态在费米能级以上,说明这两个态完全未被占据。同时,Pd-4d 轨道与石墨烯的 C-2p 轨道产生较弱的杂化现象,但是远离费米能级处,Pd-4d 轨道与 N-2p 轨道杂化作用更为强烈。这就解释了 NO 吸附的最稳定结构为什么是 Pd 原子在双层石墨烯的外面,并与 NO 分子中的 N 原子相结合。总之,通过态密度,不但说明了 Pd/BG 吸附不同气体分子呈现不同的电子结构和磁性质,而且也解释了在吸附不同气体分子后,Pd 原子分别向双层石墨烯层间和层外移动的微观机理。

通过上述分析,相对于 CO 分子,Pd/BG 对 NO 分子的吸附能力更强,而且具有不同的电子性质。下面通过能带结构进一步解释 Pd/BG 吸附 NO 分子的微观机理,图 1-6 给出了本征 AA 型双层石墨烯(BG)、Pd 掺杂 AA 型双层石墨烯(Pd/BG)和 Pd/BG 吸附 NO 分子(Pd/BG-NO)最稳定构型的能带结构(图中 Γ、M、K 为高对称点,下同)。对比掺杂和吸附后的能带结构可见,本征 AA 型双层石墨烯是零带隙的半导体,没有磁性。BG 在掺杂 Pd 原子后,出现了一个约 0.05 eV 的微小带隙。这与单层石墨烯吸附 Pd 原子的能带结构是有区别的[21],单层石墨烯吸附 Pd 原子后依然是零带隙半导体。在 Pd/BG 吸附 NO 分子后,掺杂后形成的微小带隙消失,这种带隙的变化能够改变石墨烯体系的电导,石墨烯电导的变化对于检测气体分子吸附的敏感程度是非常重要的。在费米能级附近,出现了更多的杂质带,这些杂质带来源于吸附的 NO 分子,带来了更多的电子,从而有利于导电。

考虑到掺杂 Pd 原子后能隙变化非常小以及 Pd/BG 在吸附 NO 分子后系统出现磁性,进一步分析了上述能带变化的原因是否因为外禀自旋-轨道耦合效应——Rashba 自旋-轨道耦合效应的影响,能带结构如图 1-7 所示。对比分析图 1-6(a)和图 1-7(a),可以看到,Rashba 自旋-轨道耦合效应对本征石墨烯的能带没有明显影响;图 1-7(b)中,在价带内,自旋-轨道耦合效应对能带影响很弱,而导带在 0.75 eV 能量附近,自旋-轨道耦合效应使得能带出现微弱劈裂,能带的位置也有微小的移动,能隙为 0.065 6 eV,这说明 Rashba 自旋-轨道耦合效应对能带虽有影响,但不明显;对比图 1-6(c)和图 1-7(c),考虑自旋-轨道耦合效应的作用时,主要是在 -0.75 eV 和 0.75 eV 能量附近,能带才有微小的变化。通过这些分析可以说明,Rashba 自旋-轨道耦合效应对体系能带的影响有限,轨道杂化才是改变能带的重要原因。

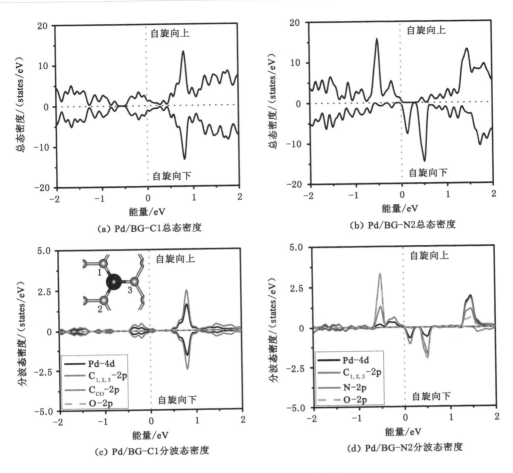

图 1-5　最稳定吸附体系的态密度

（竖直的点线表示费米能级）

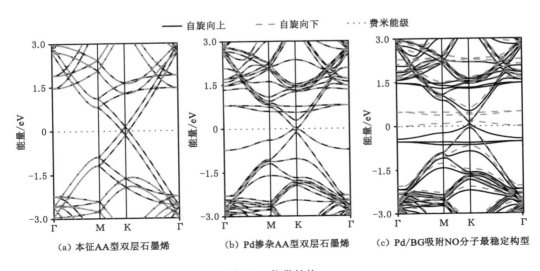

图 1-6　能带结构

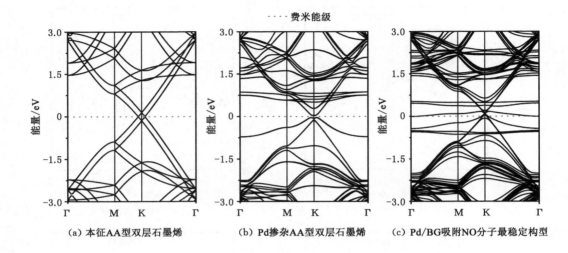

（a）本征AA型双层石墨烯　　　（b）Pd掺杂AA型双层石墨烯　　　（c）Pd/BG吸附NO分子最稳定构型

图 1-7　包含自旋-轨道耦合效应的能带结构

图 1-8 给出了 Pd 掺杂双层石墨烯吸附 CO 和 NO 分子的最稳定构型的差分电荷密度分布，其中上图为俯视图，下图为侧视图。由差分电荷密度分布图可以看出，在 Pd/BG 吸附 CO 气体分子时，CO 分子与 Pd 原子或者石墨烯中的 C 原子没有形成化学键；而对于 Pd/BG 吸附 NO 分子，电子从 Pd 原子转移到 N 原子上，形成了明显的化学键。这与表 1-1 中最稳定吸附结构的电荷转移结果是一致的。进一步说明 Pd/BG 吸附 CO 气体分子属于较弱的物理吸附，而 Pd/BG 吸附 NO 分子属于化学吸附。

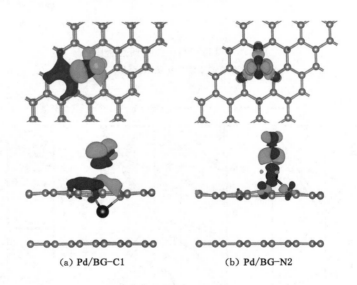

（a）Pd/BG-C1　　　　　　　（b）Pd/BG-N2

图 1-8　差分电荷密度分布（吸附 CO 和 NO 分子）

[绿色和蓝色分别代表电子的聚集和亏损；(a)图和(b)图的差分电荷密度
等高线增量分别为 $9 \times 10^{-5} e/Å^3$ 和 $4 \times 10^{-3} e/Å^3$]

## 1.2 电场调控过渡金属掺杂双层石墨烯吸附硫化氢

硫化氢($H_2S$)是较具毒性的气体之一,它广泛存在于煤矿开采、石油炼制、天然气加工等工业过程中,对人体健康危害严重。因此,快速、准确地检测 $H_2S$ 在人类社会的许多方面都有重要意义。

活化表面对 $H_2S$ 的化学吸附或物理吸附为 $H_2S$ 的监测和消除提供了一个很有前景的解决方案。由于石墨烯具有较大的表面积和优异的电学性能,其作为 $H_2S$ 分子的吸附剂或气体传感器受到了广泛的关注。理论上,$H_2S$ 分子被吸附在原始的、有缺陷的和掺杂的石墨烯上[12,15,17,28-42]。Reshak 等[28]研究了原始石墨烯在三个不同位置(桥位、顶位、洞位)对单个 $H_2S$ 分子的吸附。他们发现 $H_2S$ 分子在不同位点的吸附使得石墨烯具有不同的间隙。对于缺陷石墨烯上的 $H_2S$ 吸附,其结合能比原始石墨烯和掺硼石墨烯的大。他们的研究表明,原始的、有缺陷的和掺杂的石墨烯与 $H_2S$ 的存储有重要关系,但是与气体传感无关。此外,掺杂金属原子之后的石墨烯与 $H_2S$ 的结合力远高于原始石墨烯的[38]。由于 $H_2S$ 分子的化学吸附作用,与原始石墨烯相比,经过 Pt 原子修饰之后的石墨烯体系具有更高的结合能、更高的净电荷转移量和更短的连接距离[32]。铁掺杂可以显著改善 $H_2S$ 分子与石墨烯的相互作用[15]。

然而,石墨烯对 $H_2S$ 的吸附,以往的研究主要集中在单层石墨烯上,双层石墨烯的情况至今未被考虑。与单层石墨烯相比,双层石墨烯具有独特的电子性质与光学性质[43-45]。因此,本章通过第一性原理计算,系统研究了过渡金属(TM=V,Cr,Mn,Fe,Co,Ni)掺杂双层石墨烯吸附 $H_2S$ 的结构与电子性质,讨论了电场作用下的吸附构型、吸附能、电荷转移、电荷密度分布和电子结构性质,目的是提供一种基于过渡金属掺杂双层石墨烯的理论方法,使其在 $H_2S$ 的吸附、存储和检测领域具有更大的应用潜力。

### 1.2.1 计算方法与结构模型

采用广义梯度近似(GGA)下的 PBE(Perdew-Burke-Ernzerhof)方法来描述电子间交换和关联。离子与电子间相互作用选用投影扩充波(PAW)方法来计算,它比超软赝势更为精确。为保证计算结果的准确性,将平面波函数展开为电子波函数,平面波基组的截断能设为 400 eV。布里渊区积分采用 $6 \times 6 \times 1$ 的 Monkhorst-Pack 方案。在所有的情况中,使用共轭梯度算法进行结构弛豫,直到所有原子上的力都小于 0.02 eV/Å,并且所有模型的几何结构得到完全弛豫以使得系统的总能量最小,直至达到 $10^{-4}$ eV 的精度。为了防止任何超晶胞间的相互作用,所有需要计算的相邻四方形超晶胞模型的间距设为 20 Å。

AA 型双层石墨烯是第一层的每一个碳原子刚好在第二层的碳原子之上。AA 型双层石墨烯具有和单层石墨烯相似的半导体性质和几何性质以及某些电子性质。因此,主要研究了 TM 掺杂的 AA 型双层石墨烯的吸附特性。计算所用的具有周期性边界条件石墨烯超晶胞大小为 $4 \times 4 \times 1$。在双层石墨烯超晶胞中,双层石墨烯上层的一个碳原子被一个 TM 原子取代,掺杂浓度为 1.56%,如图 1-9(a)所示,其中上图为俯视图,下图为侧视图。为了充分了解 $H_2S$ 吸附在石墨烯上的吸附特性,考虑了所有可能的吸附构型,初始吸附构型考虑 5 种结构,气体分子直接吸附在掺杂的 TM 原子上方,如图 1-9(b)所示。

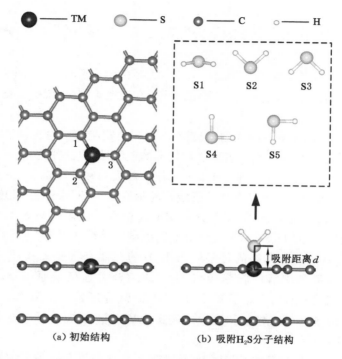

(a) 初始结构　　　　　　(b) 吸附$H_2S$分子结构

图 1-9　双层石墨烯掺杂 TM 的初始结构和吸附 $H_2S$ 分子结构

## 1.2.2　过渡金属掺杂双层石墨烯

每个 TM 原子掺杂的双层石墨烯(TM/BG)的几何结构经过完全弛豫,最稳定的 TM 掺杂石墨烯体系如图 1-10 所示。掺杂原子之后,双层石墨烯局部的几何结构发生明显的变形,V、Cr、Mn、Fe 原子向石墨烯层内移动,形成凹陷结构;而 Co、Ni 原子向层外移动形成凸起结构。此时双层石墨烯的层间距离有所增加,Co/BG 结构的层间距离最大,为 4.12 Å 左右;Fe/BG 结构层间距离最小,为 3.91 Å 左右。由于掺杂的 TM 原子具有较高的化学反应活性,所以双层石墨烯表面的变化和层间距离的增加使得该区域更容易与邻近的气体分子发生反应。

下面以掺杂系统的能带图来分析掺杂原子对双层石墨烯的影响。本征石墨烯是非磁性的零带隙半导体结构。掺杂 TM 原子后,双层石墨烯复合结构具有不同的电子结构,TM/BG 体系的能带结构如图 1-11 所示。从图中可以看到,由于掺杂,费米能级附近出现了一些杂质带。这些杂质带来源于掺杂的 TM 原子,掺杂的 TM 原子引入了更多的电子,使得石墨烯更容易导电。BG 在掺杂 V、Mn、Fe、Co 原子后,从它们的能带结构图(a)、(c)、(d)、(e)中可以看到,自旋向上和自旋向下均穿过费米能级,说明掺杂后的石墨烯体系显示金属性。在(b)图中,自旋向上穿过费米能级,自旋向下在费米能级位置有一个约 0.26 eV 的带隙,说明 Cr/BG 体系为半金属性;Ni 掺杂和其他掺杂都不同,自旋向上和自旋向下都没有穿过费米能级,有着一个明显的带隙,带隙宽度约为 0.05 eV。此外,自旋不对称表明除了 Fe/BG 和 Ni/BG 体系外,其他 TM/BG 体系均具有磁性。

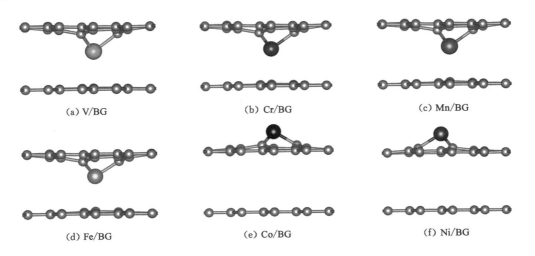

(a) V/BG        (b) Cr/BG        (c) Mn/BG

(d) Fe/BG        (e) Co/BG        (f) Ni/BG

图 1-10   双层石墨烯掺杂 TM 的稳定结构

—— 自旋向上      - - - 自旋向下      ····· 费米能级

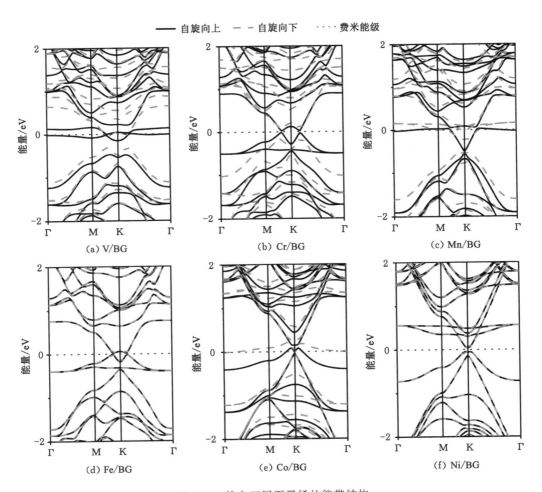

(a) V/BG        (b) Cr/BG        (c) Mn/BG

(d) Fe/BG        (e) Co/BG        (f) Ni/BG

图 1-11   掺杂双层石墨烯的能带结构

### 1.2.3 掺杂 TM 的双层石墨烯对 H₂S 的吸附

对于 H₂S 分子,计算结果 H—S 键长为 1.352 Å,键角为 91.44°,与文献[46]中 1.353 Å 和 91.58°的实验值吻合较好。然后基于 5 种不同的 H₂S 分子初始构型,研究了 H₂S 在原始和 TM 掺杂的双层石墨烯纳米薄片上的吸附行为,得到了稳定的构型。TM/BG-H₂S 的稳定性可以从吸附能的值来判断,吸附能 $\Delta E$(单位 eV)定义为:

$$\Delta E = E_{(\text{TM/BG-gas})} - E_{(\text{TM/BG})} - E_{\text{gas}'} \tag{1-2}$$

或

$$\Delta E = E_{(\text{BG-gas}')} - E_{\text{BG}} - E_{\text{gas}'} \tag{1-3}$$

其中,$E_{(\text{TM/BG-gas}')}$ 为 TM/BG 与气体分子 H₂S 复合系统的能量(单位 eV),$E_{(\text{TM/BG})}$ 为 TM/BG 基底的能量(单位 eV),$E_{(\text{BG-gas}')}$ 为本征石墨烯 BG 和气体分子 H₂S 复合系统的能量(单位 eV),$E_{\text{BG}}$ 为本征石墨烯的能量(单位 eV),$E_{\text{gas}'}$ 为气体分子 H₂S 的能量(单位 eV)。因此,吸附能的负值表明 H₂S 与 TM/BG 的结合过程是放热的。同时,表 1-2 给出了最稳定吸附构型的吸附距离 $d$、掺杂原子与最近邻碳原子的距离 $d_c$、掺杂原子偏离上层石墨烯的距离 $d_a$(负值代表向层间移动、正值代表向层外移动)以及电荷转移量 $Q$(负值和正值分别代表气体分子失去和得到电子)和吸附系统磁矩 $M$。由表 1-2 可以得出以下结论:第一,对于本征双层石墨烯上的 H₂S 分子吸附,最稳定的吸附结构是 S4 构型,这与单层石墨烯吸附 H₂S 分子的情况不同。虽然 S4 构型的吸附能值最低,但是不同构型的吸附能差异不大于 0.07 eV。因此,H₂S 分子在双层石墨烯上的迁移率可能很高。第二,TM/BG-H₂S 体系对于 H₂S 分子的 5 种初始构型具有不同的稳定性。在 V、Cr、Mn、Co 和 Ni 掺杂的双层石墨烯上吸附 H₂S 分子后,S1 构型是热力学上最稳定的构型;而 S2 构型是 Fe 掺杂的双层石墨烯上吸附 H₂S 最稳定的状态。所有掺杂 TM 原子的最稳定的吸附构型如图 1-12 所示。第三,Fe/BG-H₂S 体系最低吸附能的吸附距离最小,说明 H₂S 分子与 Fe 掺杂的双层石墨烯的相互作用最强。第四,本征石墨烯吸附 H₂S 体系无磁矩,TM/BG-H₂S 体系除 Ni/BG-H₂S 外均有磁矩,Fe/BG-H₂S 体系磁矩可忽略。这些结果表明,与原始的双层石墨烯相比,TM 掺杂的双层石墨烯可以显著提高 H₂S 的吸附效果。

表 1-2 不同 H₂S 构型的 BG-H₂S 系统的性质

| 吸附结构 | $\Delta E / \text{eV}$ | $d / \text{Å}$ | $d_c / \text{Å}$ | $d_a / \text{Å}$ | $Q/e$ | $M/\mu_B$ |
|---|---|---|---|---|---|---|
| BG-S1 | −0.296 | 3.928 | — | — | 0.01 | 0 |
| BG-S2 | −0.358 | 3.929 | — | — | 0.01 | 0 |
| BG-S3 | −0.330 | 4.416 | — | — | 0.01 | 0 |
| BG-S4 | −0.363 | 3.811 | — | — | 0.01 | 0 |
| BG-S5 | −0.354 | 4.255 | — | — | 0.01 | 0 |
| V/BG-S1 | −0.176 | 2.528 | 1.871 | 1.525 | 0.01 | 0.88 |
| V/BG-S2 | −0.011 | 4.810 | 1.894 | −1.637 | 0.01 | 0.79 |
| V/BG-S3 | −0.042 | 4.964 | 1.896 | −1.661 | 0.02 | 0.80 |
| V/BG-S4 | −0.028 | 4.756 | 1.896 | −1.644 | 0.01 | 0.79 |

表 1-2(续)

| 吸附结构 | $\Delta E/eV$ | $d/Å$ | $d_c/Å$ | $d_s/Å$ | $Q/e$ | $M/\mu_B$ |
|---|---|---|---|---|---|---|
| V/BG-S5 | −0.049 | 4.906 | 1.897 | −1.647 | 0.02 | 0.80 |
| Cr/BG-S1 | −0.271 | 2.493 | 1.852 | 1.527 | −0.05 | 1.88 |
| Cr/BG-S2 | −0.267 | 2.482 | 1.857 | 1.538 | −0.04 | 1.87 |
| Cr/BG-S3 | −0.034 | 4.962 | 1.875 | −1.611 | 0.02 | 1.92 |
| Cr/BG-S4 | −0.021 | 4.750 | 1.876 | −1.612 | 0.01 | 1.92 |
| Cr/BG-S5 | −0.041 | 4.879 | 1.874 | −1.595 | 0.02 | 1.92 |
| Mn/BG-S1 | −0.481 | 2.303 | 1.803 | 1.410 | 0.01 | 1.03 |
| Mn/BG-S2 | −0.465 | 2.299 | 1.808 | 1.422 | 0.02 | 1.04 |
| Mn/BG-S3 | −0.043 | 4.988 | 1.859 | −1.526 | 0.02 | 2.41 |
| Mn/BG-S4 | −0.010 | 2.532 | 1.837 | 1.433 | 0.08 | 2.56 |
| Mn/BG-S5 | −0.064 | 4.925 | 1.830 | −1.502 | 0.02 | 1.36 |
| Fe/BG-S1 | −0.578 | 2.294 | 1.767 | 1.385 | −0.06 | 0 |
| Fe/BG-S2 | −0.581 | 2.283 | 1.770 | 1.373 | −0.05 | 0 |
| Fe/BG-S3 | −0.039 | 4.971 | 1.785 | −1.449 | 0.02 | 0 |
| Fe/BG-S4 | −0.016 | 4.603 | 1.784 | −1.452 | 0.01 | 0 |
| Fe/BG-S5 | −0.040 | 4.863 | 1.785 | −1.447 | 0.02 | 0 |
| Co/BG-S1 | −0.570 | 2.415 | 1.781 | 1.361 | −0.08 | 0.67 |
| Co/BG-S2 | −0.073 | 4.718 | 1.768 | −1.317 | 0.02 | 0.59 |
| Co/BG-S3 | −0.139 | 4.781 | 1.790 | −1.387 | 0.02 | 0.53 |
| Co/BG-S4 | −0.328 | 2.353 | 1.773 | 1.333 | 0.05 | 0.61 |
| Co/BG-S5 | −0.149 | 4.965 | 1.790 | −1.383 | 0.02 | 0.53 |
| Ni/BG-S1 | −0.545 | 2.427 | 1.813 | 1.409 | −0.09 | 0 |
| Ni/BG-S2 | −0.515 | 2.414 | 1.810 | 1.353 | −0.09 | 0 |
| Ni/BG-S3 | −0.116 | 4.889 | 1.806 | −1.301 | 0.02 | 0 |
| Ni/BG-S4 | −0.275 | 2.422 | 1.808 | 1.301 | 0.05 | 0 |
| Ni/BG-S5 | −0.125 | 4.946 | 1.805 | −1.308 | 0.02 | 0 |

最稳定的 TM/BG-H$_2$S 体系的总态密度(DOS)和分波态密度(PDOS)分别如图 1-13 和图 1-14 所示。由图 1-13 可以看出,气体分子的吸附改变了 TM/BG 系统的电子结构。H$_2$S 分子吸附后,V/BG 体系由金属性质转变为半金属性质,说明 V/BG-H$_2$S 体系的导电性减弱。此外,在费米能级上方的两侧各有一个尖峰,且两个尖峰之间的态密度不为零,但该赝能隙较窄,说明体系形成的共价性不强。除 V/BG-H$_2$S 系统外,所有 TM/BG-H$_2$S 系统都具有不同带隙的半导体特性。与 TM/BG 系统的能带结构对比来看,TM/BG-H$_2$S 系统的带隙增大。由图 1-14 可以看出,在 V/BG-H$_2$S 体系中,V 原子的 3d 轨道主要与 S 原子的

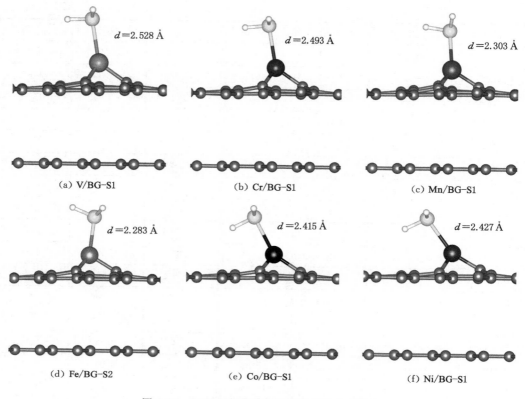

图 1-12　TM/BG 吸附 $H_2S$ 分子的最稳定结构

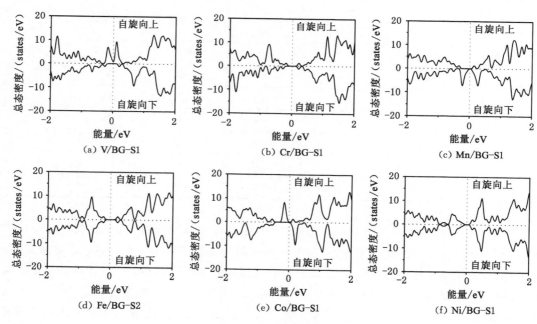

图 1-13　最稳定吸附体系的总态密度

**（竖直的点线表示费米能级）**

3p 轨道杂化,而在 TM/BG-H$_2$S 体系中,TM 原子的 3d 轨道主要与石墨烯 C 原子的 2p 轨道杂化。结合差分电荷密度分布图(图 1-15)可以得出,S 原子与 TM 原子间的电荷积累具有明显的共价键特性。这些电子结构表明,TM 掺杂双层石墨烯适合作为检测 H$_2$S 分子的衬底材料。

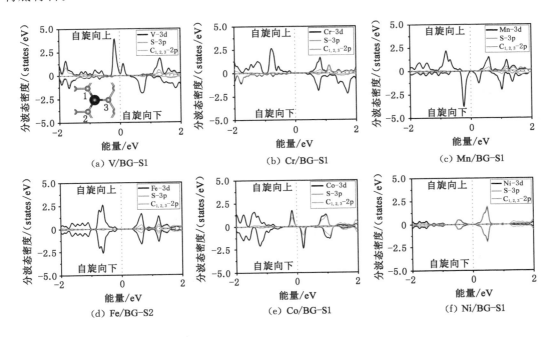

图 1-14　最稳定吸附体系的分波态密度
(竖直的点线表示费米能级)

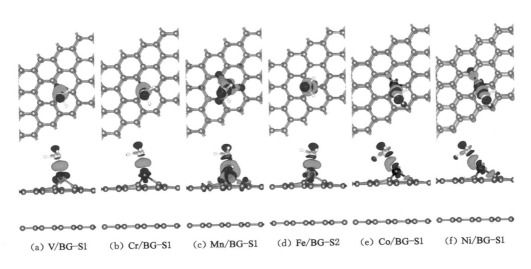

(a) V/BG-S1　(b) Cr/BG-S1　(c) Mn/BG-S1　(d) Fe/BG-S2　(e) Co/BG-S1　(f) Ni/BG-S1

图 1-15　差分电荷密度分布(吸附 H$_2$S 分子)
(绿色和蓝色分别代表电子的聚集和亏损;差分电荷密度等高线增量为 $3\times10^{-3}$e/Å$^3$)

### 1.2.4 外加电场对 H₂S 的吸附

接下来,通过外加电场来探索掺杂有 TM 原子的石墨烯对 H₂S 的吸附和解吸作用的可行性。为了使 H₂S 吸附在本征和掺杂 TM 的双层石墨烯上的构型最稳定,电场方向选择垂直于石墨烯表面。正(负)方向是向上(向下)的,电场强度 $F$ 分别为 $-0.4$ V/Å、$-0.3$ V/Å、$-0.2$ V/Å、$-0.1$ V/Å、$0.1$ V/Å、$0.2$ V/Å、$0.3$ V/Å、$0.4$ V/Å。图 1-16 描绘了 H₂S 吸附在本征和掺杂 TM 的双层石墨烯上不同电场中的吸附能、电荷转移量和磁矩。由图 1-16(a)可以看出,本征双层石墨烯吸附 H₂S 时,吸附能随电场强度从 0 V/Å 增加到 0.4 V/Å 而略有下降,且与电场方向(向上或向下)无关。也就是说,本征双层石墨烯吸附 H₂S 的稳定性随电场强度的增加而增加。因此,外加电场促进了 H₂S 在双层石墨烯上的吸附。与本征双层石墨烯不同,在掺杂 TM 的双层石墨烯上,H₂S 的吸附能随电场强度从 $-0.4$ V/Å 到 $0.4$ V/Å 的增加而线性增加。也就是说,H₂S 对电场的方向很敏感,向下(负值)的电场更有利于在掺杂 TM 的双层石墨烯上吸附 H₂S。此外,较低的吸附能意味着更高的灵敏度和传感应用更短的响应时间。相反,在向上(正值)电场中,TM 掺杂的双层石墨烯可以达到解吸 H₂S 分子的效果,在电场强度约为 0.2 V/Å 时解吸效果最好。图 1-16(b)中的电荷转移量可以进一步解释吸附能的这些特性,电荷的正负值分别描述了 H₂S 分子中电子的损耗和增益。随着电场强度的增加,在本征双层石墨烯上吸附 H₂S 时,电荷转移量几乎不变,且不受电场方向(向上或向下)的影响,电荷几乎为零,说明从石墨烯向 H₂S 分子转移的电荷很少。然而,对于掺杂了 TM 原子的双层石墨烯上的 H₂S 吸附,当电场从 0 V/Å 到 0.4 V/Å(向上)或从 0 V/Å 到 $-0.4$ V/Å(向下),电荷转移量都会随着电场强度的增加而线性增加。一般来说,电场会促进(或阻碍)电荷从石墨烯向 H₂S 分子的进一步转移。具体来说,对于 V 或 Mn 掺杂的双层石墨烯,向上(正值)电场使电荷从石墨烯转移到 H₂S 分子,而向下(负值)电场使电荷从 H₂S 分子转移到石墨烯。由图 1-16(c)可以看出,TM/BG-H₂S 体系的磁矩不受电场大小和方向的影响。Cr/BG-H₂S 系统磁矩最大,Fe/BG-H₂S 和 Ni/BG-H₂S 系统磁矩最小,几乎为零。

以最稳定的 V 掺杂双层石墨烯(V/BG-S1)体系对 H₂S 的吸附为例,绘制了 V/BG-H₂S 体系在 $-0.4$ V/Å 到 $0.4$ V/Å 不同强度电场中的态密度图,如图 1-17 所示。在施加电场之前,V/BG-H₂S 体系为半金属性质。而外加电场后,V/BG-H₂S 体系由半金属性质逐渐转变为金属性质。在向下(负值)电场中,自旋向上带逐渐向高能区移动,而自旋向下带逐渐向低能区移动,增强了系统的金属性能和导电性能。但对于向上(正值)电场,自旋向上带逐渐向低能区移动,自旋向下带逐渐向高能区移动。这与 V/BG-H₂S 体系中电荷转移的趋势是一致的。因此,H₂S 的吸附改变了费米能级附近的能带隙和电子能带结构。由于变化较大,V 掺杂双分子层石墨烯可能是检测 H₂S 的理想气体传感器。

V/BG-S1 体系在电场强度 $F$ 分别为 $-0.4$ V/Å 和 $0.4$ V/Å 情况下的差分电荷密度分布如图 1-18 所示。当电场由负向正转变时,电子由 V/BG 系统向吸附的 H₂S 分子转移。这与图 1-16 中红色曲线所示的 V/BG-S1 体系中 H₂S 的电子增益和损耗是一致的。电荷的这种分布明显地受到电场的影响,特别是其方向。电荷重排表明,在外加电场作用下,气体的吸附能和吸附距离也发生变化。

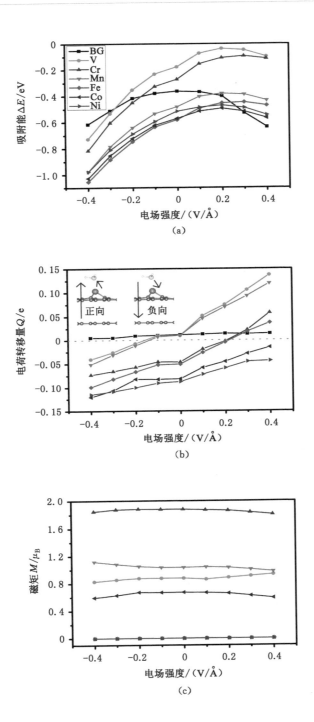

图 1-16  TM/BG-H$_2$S 体系的吸附能、电荷转移量和磁矩随电场强度的变化

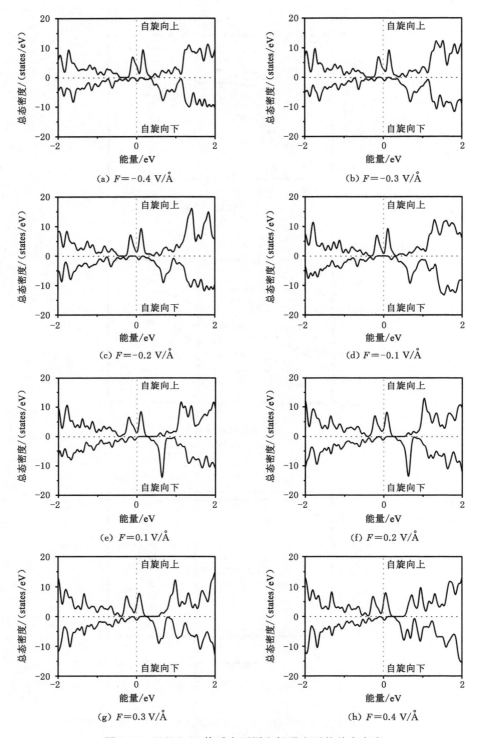

图 1-17　V/BG-S1 体系在不同电场强度下的总态密度

（竖直的点线表示费米能级）

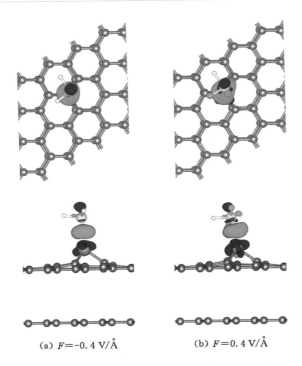

(a) $F=-0.4$ V/Å        (b) $F=0.4$ V/Å

图 1-18  外加电场下吸附体系的差分电荷密度分布

(绿色和蓝色分别代表电子的聚集和亏损；差分电荷密度等高线增量为 $3\times10^{-3}$ e/Å³)

## 1.3  电场调控双层石墨烯的储氢性能

随着地球环境的持续恶化，不可再生能源的巨大消耗，人们环保意识的增强，氢能作为一种高效环保的可再生能源，引起了世界范围内能源开发研究者们的高度关注。而氢气的储存作为氢能开发领域一重大研究难题，找到一种高效的储氢材料来储存氢气成为氢能可以被广泛应用的先决条件。

传统的储氢材料多为金属材料，如镁系、钛系以及锆系等材料。金属材料储氢因其成本高或者储氢量小等不足之处难以满足商业化的要求，因此人们寄希望于碳质材料优异的物理化学吸附性能，可以大容量、高效储氢，如碳纳米管、超级活性炭等碳质材料。石墨烯作为碳质材料的一种，近些年来受到广泛关注。石墨烯具有巨大的比表面积，较高的机械强度，较好的气体分子吸附性能，是一种优良的储氢基底材料。较为理想的氢平均吸附能范围为 $-0.2\sim-0.7$ eV[47-48]，因为在常温常压下该吸附能便于氢气的储存和释放。然而有研究表明，纯净的单层石墨烯与氢气分子之间的吸附主要是靠范德瓦耳斯力，吸附能为 $-0.1$ eV左右，为了有效提高吸附能，有学者通过改性石墨烯如掺杂、折叠、缺陷等方式来增加吸附能[49-55]。同时还有研究发现，外加电场可以有效提高石墨烯的储氢能力[56]。

以往的研究多集中在单层的石墨烯或者是石墨烯纳米带，本书以 AA 型双层石墨烯为主要研究对象，运用第一性原理计算方法，系统地研究了氢气分子在双层石墨烯上的吸附情况，讨论了电场下的最大储氢量。本书旨在研究双层石墨烯的储氢性能以及电场对储氢能力的影响。

### 1.3.1 氢气分子在石墨烯上的吸附

在计算方法和参数设置中,离子与电子之间的相互作用选用投影扩充波(PAW)方法计算,采用广义梯度近似(GGA)下的 PBE(Perdew-Burke-Ernzerhof)方法来描述电子间的交换关联,电子波函数以平面波为基矢展开,平面波基组的截断能设为 400 eV。离子弛豫停止标准设置为 0.02 eV/Å,优化的电子迭代收敛标准设为 $10^{-4}$ eV/atom。布里渊区积分的 $k$ 点网格设置为 $6 \times 6 \times 1$。双层石墨烯的结构模型采用 $4 \times 4 \times 1$ 的超晶胞;为了减少超晶胞之间的相互作用,真空层厚度设为 20 Å。

为了充分了解双层石墨烯的储氢性能,计算了 1～7 个氢气分子在双层石墨烯表面的吸附情况,得到的稳定结构如图 1-19 所示。为了说明氢气分子在双层石墨烯上吸附的稳定性,计算了氢气分子在石墨烯上的平均吸附能 $\Delta E_a$(单位 eV):

$$\Delta E_a = [E_{(BG\text{-}gas'')} - E_{BG} - n E_{gas''}]/n \tag{1-4}$$

其中,$E_{(BG\text{-}gas'')}$ 为双层石墨烯基底与氢气分子的复合能量(单位 eV),$E_{BG}$ 为双层石墨烯基底的能量(单位 eV),$E_{gas''}$ 为氢气分子的能量(单位 eV),$n$ 为所吸附氢气分子的数量。同时表 1-3 还给出了吸附的氢气分子到双层石墨烯的吸附距离 $d_1 \sim d_7$,氢气分子的平均键长 $d_{H-H}$。结合表 1-3 和图 1-19 可以得到如下结论:第一,双层石墨烯只有在吸附 1 个氢气分子时,平均吸附能在理想吸附能范围内,当吸附超过 1 个氢气分子后,平均吸附能已经大于 $-0.2$ eV,说明物理吸附作用已经很弱,不利于氢气的储存。第二,双层石墨烯吸附氢气分子的能力随着氢气分子数目的增多而不断降低,当吸附第 7 个氢气分子时,第 7 个氢气分子已经明显远离石墨烯平面,因此推断本征双层石墨烯最多可以稳定吸附 6 个氢气分子。第三,吸附后,氢气分子没有发生断裂,但是键长稍有增加。第四,由图 1-19 的俯视图可以看出,石墨烯平面逐渐开始滑移,且随着所吸附氢气分子数量的增多滑移现象逐渐明显,说明吸附的氢气分子对石墨烯体系的结构具有调节作用,影响了其内部的电子结构。

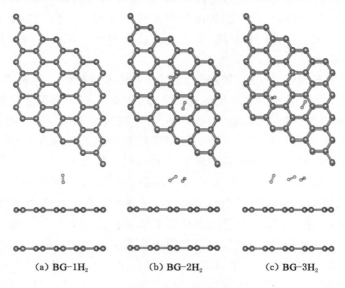

(a) BG-1H$_2$　　　　(b) BG-2H$_2$　　　　(c) BG-3H$_2$

图 1-19　双层石墨烯吸附氢气分子的最稳定结构

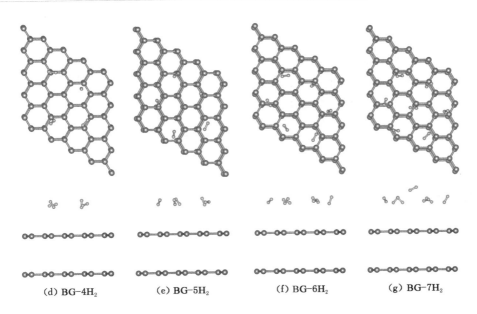

(d) BG-4H$_2$    (e) BG-5H$_2$    (f) BG-6H$_2$    (g) BG-7H$_2$

图 1-19 （续）

表 1-3　吸附能参数

| 吸附结构 | $\Delta E_a$/eV | $d_1$/Å | $d_2$/Å | $d_3$/Å | $d_4$/Å | $d_5$/Å | $d_6$/Å | $d_7$/Å | $d_{H-H}$/Å |
|---|---|---|---|---|---|---|---|---|---|
| BG-1H$_2$ | −0.317 | 0.333 | — | — | — | — | — | — | 0.751 |
| BG-2H$_2$ | −0.172 | 0.331 | 0.318 | — | — | — | — | — | 0.751 |
| BG-3H$_2$ | −0.124 | 0.336 | 0.342 | 0.334 | — | — | — | — | 0.751 |
| BG-4H$_2$ | −0.095 | 0.340 | 0.347 | 0.347 | 0.340 | — | — | — | 0.751 |
| BG-5H$_2$ | −0.084 | 0.353 | 0.357 | 0.352 | 0.355 | 0.349 | — | — | 0.751 |
| BG-6H$_2$ | −0.073 | 0.354 | 0.347 | 0.350 | 0.358 | 0.350 | 0.353 | — | 0.751 |
| BG-7H$_2$ | −0.067 | 0.356 | 0.352 | 0.352 | 0.349 | 0.348 | 0.355 | 0.479 | 0.751 |

　　为了更好地理解双层石墨烯吸附氢气分子的效果,绘制了双层石墨烯吸附 1～6 个氢气分子的总态密度图,如图 1-20 所示。在吸附氢气分子后,BG 体系性质由原先的半导体性质变为金属性质,且发生自旋劈裂,系统有磁性,说明氢气分子与石墨烯发生了杂化现象,且随着吸附的氢气分子数量的增加,杂化峰逐渐增多。为了进一步展示具体的杂化过程,绘制了双层石墨烯吸附 1～3 个氢气分子的分波态密度图,如图 1-21 所示。通过分波态密度图可以看出,氢气分子的 s 轨道与 C 原子的 2p 轨道发生杂化现象。当吸附 1 个氢气分子时,杂化主要集中在 −0.5～0.5 eV 区间范围内,而随着吸附的氢气分子数量的增多,杂化带逐渐远离费米能级位置,杂化作用逐渐减弱,这也解释了为什么随着吸附的氢气分子数量的增加,平均吸附能会表现出逐渐下降的趋势。总之,通过态密度图,不但说明了 BG 吸附不同数量的氢气分子呈现不同的电子性质,而且也解释了吸附的氢气分子数量越多,吸附作用越弱,这说明储氢效果逐渐变弱。

　　图 1-22 给出了双层石墨烯吸附 1～4 个氢气分子的差分电荷密度分布,其中上图为俯视图,下图为侧视图。由差分电荷密度分布图可以看出:氢气分子与石墨烯上的 C 原子之

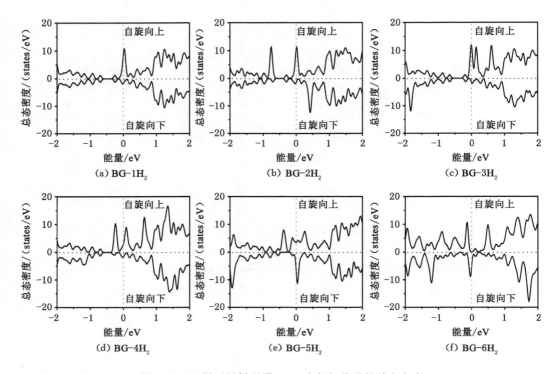

图 1-20　双层石墨烯吸附 1～6 个氢气分子的总态密度

（竖直的点线表示费米能级）

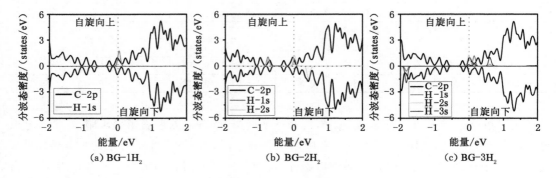

图 1-21　双层石墨烯吸附 1～3 个氢气分子的分波态密度

（竖直的点线表示费米能级）

间没有电子富集,说明氢气分子与石墨烯之间的相互作用是较弱的物理吸附;随着吸附的氢气分子数量的增加,不同氢气分子周围电荷转移的量不同,说明石墨烯对不同氢气分子的吸附作用强弱不同。

## 1.3.2　外加电场下氢气分子在石墨烯上的吸附

本征石墨烯对氢气分子的吸附作用较弱,不利于氢气分子的储存和释放,且储存氢气分子的量有限,所以通过外加电场的方式来调节石墨烯对氢气分子的吸附能力,让氢气分子更

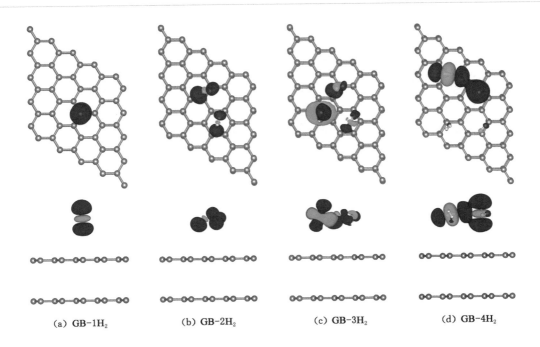

(a) GB-1H$_2$　　　(b) GB-2H$_2$　　　(c) GB-3H$_2$　　　(d) GB-4H$_2$

图 1-22　双层石墨烯吸附 1～4 个氢气分子的差分电荷密度分布

(绿色和蓝色分别代表电子的聚集和亏损；差分电荷密度等高线增量为 $2.3\times10^{-3}e/Å^3$)

易于存储和释放。此外，还将探索电场是否可以提高石墨烯的储氢能力。为了使氢气分子吸附在本征双层石墨烯上的构型最稳定，电场方向选择垂直于石墨烯表面。正(负)方向是向上(向下)的，电场强度 $F$ 分别为 $-0.4$ V/Å、$-0.3$ V/Å、$-0.2$ V/Å、$-0.1$ V/Å、$0.1$ V/Å、$0.2$ V/Å、$0.3$ V/Å、$0.4$ V/Å。图 1-23 描绘了氢气分子吸附在本征双层石墨烯上不同电场中的平均吸附能。

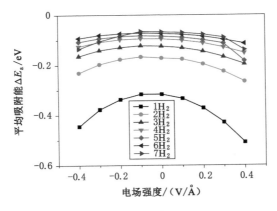

图 1-23　电场下吸附体系的平均吸附能

由图 1-23 可以看出：第一，氢气分子在石墨烯上的平均吸附能随着电场强度从 0 V/Å增加到 0.4 V/Å 而逐渐降低，说明正电场可以促进氢气分子在双层石墨烯上的吸附，而电场强度从 0 V/Å 递减到 $-0.1$ V/Å 时，平均吸附能有所增加，在电场强度从 $-0.1$ V/Å 递

减到 $-0.4$ V/Å 时,平均吸附能逐渐降低,说明负电场同样可以提高双层石墨烯对氢气分子的吸附效果;第二,吸附一个氢气分子时,平均吸附能始终在理想平均吸附能范围内,而吸附两个氢气分子之后,当电场强度达到 $-0.4$ V/Å 或 $0.3$ V/Å、$0.4$ V/Å 时,平均吸附能也达到了理想范围内,说明外加电场是一种有效调节氢气分子在双层石墨烯上吸附效果的手段,让其更易于储存和释放;第三,在外加电场下,尤其是当电场达到 $0.4$ V/Å 时,双层石墨烯已经可以稳定吸附 7 个氢气分子,而当继续增加氢气分子的数量时,发现即使是在电场条件下,双层石墨烯也很难稳定吸附 8 个氢气分子,因此推断外加电场可以提高双层石墨烯的储氢量。

# 1.4　本章小结

本章研究了掺杂改性后的 AA 型双层石墨烯对还原性气体(CO、NO)的吸附敏感特性;掺杂过渡金属原子对硫化氢气体的吸附性质,以及电场条件下的吸附和解吸性质;研究了双层石墨烯对氢气分子的吸附机理及外加电场对氢气分子吸附的调控作用。

Pd、Mo 原子掺杂到双层石墨烯上后,与 C 原子之间产生强烈的相互作用,Mo 原子向石墨烯层内凹陷,Pd 原子向石墨烯层外凸起,这有利于该形变区域与气体分子充分接触。CO 气体分子近似与 Pd 掺杂后的石墨烯平面平行达到最稳定吸附结构,与改性石墨烯之间的吸附作用属于物理吸附;而 NO 分子与 Pd/BG 表面几乎垂直,N 原子与 Pd 原子之间形成了稳定的化学键,使得 NO 气体分子在石墨烯表面吸附得更稳固。Pd/BG 在吸附 CO 气体分子时,只有少量的电荷转移到 CO 气体分子上,而 Pd/BG 体系在吸附 NO 时,Pd 原子向 NO 气体分子上转移较多电荷,从而形成了明显的化学键。CO 与 NO 分子近似垂直于 Mo/BG 石墨烯平面而形成最稳定构型,此时 Mo 原子向双层石墨烯的层外移动。CO 和 NO 均属于化学吸附。原子的掺杂改变的不仅仅是石墨烯的微观结构,更改变了石墨烯原有的电子性质。以 Pd/BG 为例,本征的双层石墨烯是零带隙的半导体结构,而掺杂的 Pd 原子却引入了一个微小的带隙。吸附的 CO 或 NO 同样也改变了 Pd/BG 系统的电子性质。Pd/BG 系统原先的半导体性质在吸附 CO 气体分子后转变为金属性质,系统没有自旋劈裂,也没有磁性;而在吸附 NO 气体分子后,Pd/BG 系统变为半金属性质,整个系统出现了自旋劈裂,有磁性。因掺杂了 Pd 原子而引起的带隙在吸附 NO 之后,带隙消失了,这种带隙的变化反映了双层石墨烯电导的变化,而这种电导的变化说明改性后的石墨烯在吸附气体分子时具有一定的敏感性。以上结论说明掺杂改性后的双层石墨烯在气敏传感器方面有良好的应用前景。

过渡金属(TM=V、Cr、Mn、Fe、Co、Ni)原子掺杂的双层石墨烯经过充分的结构优化,掺杂的金属原子与其周围的 C 原子之间产生了强烈的相互作用,石墨烯局部几何结构产生不同程度的形变,其中 V、Cr、Mn、Fe 原子向石墨烯层内移动,而 Co、Ni 原子向层外移动,双层石墨烯层间距离增大。石墨烯电子结构发生变化,V/BG、Mn/BG、Fe/BG、Co/BG 体系具有金属性,Cr/BG 体系具有半金属性,而 Ni/BG 体系则为半导体性质。除了 Fe/BG 和 Ni/BG 体系外,其他 TM/BG 体系均具有磁性。$H_2S$ 与 BG 或 TM/BG 的结合过程属于自发的放热过程,形成了稳定的吸附结构。其中 $H_2S$ 分子与 Fe 掺杂的双层石墨烯的相互作用最强,本征石墨烯吸附 $H_2S$ 体系无磁矩,TM/BG-$H_2S$ 体系除 Ni/BG-$H_2S$ 外均有磁矩,

Fe/BG-H₂S 体系磁矩可忽略。通过对比发现，TM 掺杂的双层石墨烯可以显著提高 H₂S 的吸附效果。气体分子的吸附改变了 TM/BG 系统的电子结构。H₂S 分子吸附后，V/BG 体系由金属性质转变为半金属性质，说明 V/BG-H₂S 体系的导电性减弱；除 V/BG-H₂S 系统外，所有 TM/BG-H₂S 系统都具有不同带隙的半导体特性；S 原子与 TM 原子之间电荷的聚集意味着形成了共价键。这些电子结构的改变表明 TM 掺杂的双层石墨烯适合作为检测 H₂S 分子的衬底材料。本征双层石墨烯吸附 H₂S 的吸附能与电场方向（向上或向下）无关，但吸附稳定性随电场强度的增加而增加。H₂S 在 TM/BG 系统上的吸附能随电场强度的增加而线性增加。向下的电场更有利于 TM/BG 系统吸附 H₂S；向上的电场有利于 H₂S 从 TM/BG 系统上解吸出来，在电场强度约为 0.2 V/Å 时解吸效果最好。本征双层石墨烯上吸附 H₂S 时，转移电荷的量与电场方向（上、下）和电场强度的关系很小。对于掺杂了 TM 原子的双层石墨烯上的 H₂S 吸附，电荷转移量会随着电场强度的增加而线性增加。TM/BG-H₂S 体系的磁矩不受电场大小和方向的影响。H₂S 的吸附改变了 TM/BG 系统的能带隙和电子能带结构，增强了系统的金属性能和导电性能。

双层石墨烯对氢气分子的吸附属于物理吸附，当吸附超过 1 个氢气分子时，双层石墨烯对氢气分子的吸附作用已经不能达到最佳的储存和释放效果。双层石墨烯吸附氢气分子的能力随着氢分子数目的增多而不断降低，最多可以稳定吸附 6 个氢气分子。氢气分子对石墨烯体系的结构具有调节作用，改变了其内部的电子结构。在吸附氢气分子后，BG 体系性质由原先的半导体性质变为金属性质，且发生自旋劈裂，系统有磁性。正电场可以促进氢气分子在双层石墨烯上的吸附，负电场对氢气分子在双层石墨烯上的吸附作用是先减弱后增强。电场可以调节平均吸附能，使得氢气分子在双层石墨烯上的吸附易于储存和释放。更重要的是，外加电场使得石墨烯可以稳定吸附 7 个氢气分子，说明电场提高了双层石墨烯的储氢能力。

# 参考文献

[1] PEIERLS R E. Quelques proprietes typiques des corpses solids[J]. Annales de l'Institut Henri Poincaré,1935,5(3):177-222.

[2] LANDAU L D. Zur theorie der phasenumw and lungen Ⅱ[J]. Physikalische zeitschrift der Sowjetunion,1937,11:26-35.

[3] MERMIN N D,WAGNER H. Absence of ferromagnetism or antiferromagnetism in one-or two-dimensional isotropic Heisenberg models[J]. Physical review letters,1966,17(22):1133-1136.

[4] NOVOSELOV K S,GEIM A K,MOROZOV S V,et al. Electric field effect in atomically thin carbon films[J]. Science,2004,306(5696):666-669.

[5] SCHEDIN F,GEIM A K,MOROZOV S V,et al. Detection of individual gas molecules adsorbed on graphene[J]. Nature materials,2007,6(9):652-655.

[6] TANG Y N,LIU Z Y,DAI X Q,et al. Theoretical study on the Si-doped graphene as an efficient metal-free catalyst for CO oxidation[J]. Applied surface science,2014,308:402-407.

[7] CORTÉS-ARRIAGADA D, VILLEGAS-ESCOBAR N. A DFT analysis of the adsorption of nitrogen oxides on Fe-doped graphene, and the electric field induced desorption[J]. Applied surface science,2017,420:446-455.

[8] 董海宽,杨子龙,关众博,等. 基于密度泛函理论研究掺杂石墨烯对 CO 分子吸附性能[J]. 人工晶体学报,2018,47(5):1024-1029.

[9] 马玲,马欢,张建宁,等. 小分子吸附调控 Ti 掺杂石墨烯电子结构和磁性的密度泛函理论研究[J]. 原子与分子物理学报,2018,35(4):577-584.

[10] 唐亚楠,吴莹丽,周金成,等. 非金属与金属原子共掺杂石墨烯体系的气敏特性研究[J]. 原子与分子物理学报,2018,35(5):782-788.

[11] ZHAO C J, WU H R. A first-principles study on the interaction of biogas with noble metal (Rh,Pt,Pd) decorated nitrogen doped graphene as a gas sensor:a DFT study[J]. Applied surface science,2018,435:1199-1212.

[12] 马玲,马欢,张建宁,等. 改性石墨烯 $SO_2$ 气敏性质的第一性原理研究[J]. 原子与分子物理学报,2018,35(2):333-340.

[13] 刘健康,何国柱. $H_2O$ 分子在石墨烯扶手型边缘吸附的研究[J]. 四川大学学报(自然科学版),2012,49(3):635-638.

[14] CORTÉS-ARRIAGADA D, VILLEGAS-ESCOBAR N, ORTEGA D E. Fe-doped graphene nanosheet as an adsorption platform of harmful gas molecules (CO, $CO_2$, $SO_2$ and $H_2S$),and the co-adsorption in $O_2$ environments[J]. Applied surface science,2018,427:227-236.

[15] WU H Z, BANDARU S, LIU J, et al. Adsorption of $H_2O$, $H_2$, $O_2$, CO, NO, and $CO_2$ on graphene/g-$C_3N_4$ nanocomposite investigated by density functional theory[J]. Applied surface science,2018,430:125-136.

[16] FAYE O, EDUOK U, SZPUNAR J, et al. $H_2S$ adsorption and dissociation on NH-decorated graphene:a first principles study[J]. Surface science,2018,668:100-106.

[17] LI K, LI H J, YAN N N, et al. Adsorption and dissociation of $CH_4$ on graphene:a density functional theory study[J]. Applied surface science,2018,459:693-699.

[18] 刘晓强,田之悦,储伟,等. $CH_4$, $CO_2$ 和 $H_2O$ 在非金属原子修饰石墨烯表面的吸附[J]. 物理化学学报,2014,30(2):251-256.

[19] MA L, ZHANG J M, XU K W, et al. A first-principles study on gas sensing properties of graphene and Pd-doped graphene[J]. Applied surface science,2015,343:121-127.

[20] 孙建平,缪应蒙,曹相春. 基于密度泛函理论研究掺杂 Pd 石墨烯吸附 $O_2$ 及 CO[J]. 物理学报,2013,62(3):265-272.

[21] HUANG P C, CHENG M, ZHANG H H, et al. Single Mo atom realized enhanced $CO_2$ electro-reduction into formate on N-doped graphene[J]. Nano energy,2019,61:428-434.

[22] KRESSE G, FURTHMÜLLER J. Efficient iterative schemes for ab initio total-energy calculations using a plane-wave basis set[J]. Physical review B, 1996, 54 (16):

11169-11186.

[23] PERDEW J P, BURKE K, ERNZERHOF M. Generalized gradient approximation made simple[J]. Physical review letters,1996,77(18):3865-3868.

[24] KRESSE G, JOUBERT D. From ultrasoft pseudopotentials to the projector augmented-wave method[J]. Physical review B,1999,59(3):1758-1775.

[25] LAM K T, LIANG G. Anab initio study on energy gap of bilayer graphene nanoribbons with armchair edges[J]. Applied physics letters,2008,92(22):223106.

[26] 万闻. 石墨烯体系的钼(Mo)原子掺杂及缺陷的 STM 研究[D]. 长沙:中南大学,2014.

[27] JIA X T, ZHANG H, ZHANG Z M, et al. First-principles investigation of vacancy-defected graphene and Mn-doped graphene towards adsorption of $H_2S$ [J]. Superlattices and microstructures,2019,134:106235.

[28] RESHAK A H, AULUCK S. Adsorbing $H_2S$ onto a single graphene sheet:a possible gas sensor[J]. Journal of applied physics,2014,116(10):103702.

[29] HEGDE V I, SHIRODKAR S N, TIT N, et al. First principles analysis of graphene and its ability to maintain long-ranged interaction with $H_2S$[J]. Surface science,2014,621:168-174.

[30] GANJI M D, SHARIFI N, ARDJMAND M, et al. Pt-decorated graphene as superior media for $H_2S$ adsorption:a first-principles study[J]. Applied surface science,2012,261:697-704.

[31] CHEN D C, ZHANG X X, TANG J, et al. Adsorption and dissociation mechanism of $SO_2$ and $H_2S$ on Pt decorated graphene:a DFT-D3 study[J]. Applied physics A,2018,124(6):404.

[32] ZHANG H P, LUO X G, SONG H T, et al. DFT study of adsorption and dissociation behavior of $H_2S$ on Fe-doped graphene [J]. Applied surface science,2014,317:511-516.

[33] BO Z, GUO X Z, WEI X, et al. Density functional theory calculations of $NO_2$ and $H_2S$ adsorption on the group 10 transition metal (Ni, Pd and Pt) decorated graphene[J]. Physica E:low-dimensional systems and nanostructures,2019,109:156-163.

[34] KHODADADI Z. Evaluation of $H_2S$ sensing characteristics of metals-doped graphene and metals-decorated graphene:insights from DFT study [J]. Physica E: low-dimensional systems and nanostructures,2018,99:261-268.

[35] BERAHMAN M, SHEIKHI M H. Hydrogen sulfide gas sensor based on decorated zigzag graphene nanoribbon with copper[J]. Sensors and actuators B:chemical,2015,219:338-345.

[36] MOHAMMADI-MANESH E, VAEZZADEH M, SAEIDI M. Cu- and CuO-decorated graphene as a nanosensor for $H_2S$ detection at room temperature[J]. Surface science,2015,636:36-41.

[37] ZHANG Y H, HAN L F, XIAO Y H, et al. Understanding dopant and defect effect on $H_2S$ sensing performances of graphene:a first-principles study[J]. Computational

materials science,2013,69:222-228.

[38] BORISOVA D,ANTONOV V,PROYKOVA A. Hydrogen sulfide adsorption on a defective graphene[J]. International journal of quantum chemistry,2013,113(6):786-791.

[39] RESHAK A H,AULUCK S. Linear and nonlinear optical susceptibilities of bilayer graphene[J]. Materials express,2014,4(6):508-520.

[40] FAYE O,RAJ A,MITTAL V,et al. H$_2$S adsorption on graphene in the presence of sulfur:a density functional theory study[J]. Computational materials science,2016, 117:110-119.

[41] LEI G P,LIU C,XIE H,et al. Removal of hydrogen sulfide from natural gas by the graphene-nanotube hybrid structure:a molecular simulation[J]. Chemical physics letters,2014,616/617:232-236.

[42] MCCANN E,KOSHINO M. The electronic properties of bilayer graphene[J]. Reports on progress in physics,2013,76(5):056503.

[43] MILLER J R,OUTLAW R A,HOLLOWAY B C. Graphene double-layer capacitor with ac line-filtering performance[J]. Science,2010,329(5999):1637-1639.

[44] ABERGEL D S L,FAL'KO V I. Optical and magneto-optical far-infrared properties of bilayer graphene[J]. Physical review B,2007,75(15):155430.

[45] KRESSE G, HAFNER J. Ab initio molecular dynamics for open-shell transition metals[J]. Physical review B,1993,48(17):13115-13118.

[46] JENA P. Materials for hydrogen storage:past,present,and future[J]. The journal of physical chemistry letters,2011,2(3):206-211.

[47] LI Y Y,MI Y M,SUN G L. First principles DFT study of hydrogen storage on graphene with La decoration [J]. Journal of materials science and chemical engineering,2015,3(12):87-94.

[48] 胡明明,赵高峰.锂改性点缺陷石墨烯储氢性能的第一性原理研究[J].原子与分子物理学报,2019,36(3):443-451.

[49] 元丽华.金属修饰多孔石墨烯储氢性能的第一性原理研究[D].兰州:兰州理工大学,2018.

[50] KRYLOVA K A,BAIMOVA J A,LOBZENKO I P,et al. Crumpled graphene as a hydrogen storage media:atomistic simulation[J]. Physica B:condensed matter,2020, 583:412020.

[51] 李媛媛,赵新新,宓一鸣,等.钇对石墨烯储氢性能的影响[J].物理化学学报,2016,32(7):1658-1665.

[52] 安博.Ca 修饰石墨烯储氢性能的第一性原理研究[J].人工晶体学报,2015,44(1):256-261.

[53] ZHENG N,YANG S L,XU H X,et al. A DFT study of the enhanced hydrogen storage performance of the Li-decorated graphene nanoribbons[J]. Vacuum,2020, 171:109011.

[54] YUAN L H,WANG D B,GONG J J,et al. First-principles study of V-decorated porous graphene for hydrogen storage[J]. Chemical physics letters,2019,726:57-61.

[55] SAEDI L,ALIPOUR E,JAVANSHIR Z,et al. Reversible hydrogen adsorption on Li-decorated T-graphene flake:the effect of electric field[J]. Journal of molecular graphics & modelling,2019,87:192-196.

[56] MA L,ZHANG J M,XU K W. Hydrogen storage on nitrogen induced defects in palladium-decorated graphene:a first-principles study[J]. Applied surface science,2014,292:921-927.

# 2 电场与掺杂调控孪生石墨烯的电子与光学性质

## 2.1 孪生石墨烯

碳的低维同素异形体(零维富勒烯、一维碳纳米管和二维石墨烯)的发现给科学技术领域带来了革命性的变化,并引起了人们对探究碳纳米材料的电子结构性质的巨大兴趣[1-8]。特别是被认为是下一代电子器件基础的石墨烯,因其非凡的机械、热学、电子和磁性性能而备受关注[9-10]。这些优异的性质使石墨烯在传感器、太阳电池、显示屏、晶体管等方面成为一种非常有前途的材料[10-13]。尽管如此,带隙的缺乏是石墨烯在有机光伏器件、场效应晶体管和逻辑门等电子器件中应用的主要障碍[14-15]。为了解决这一问题[3,16-17],人们通过将二维平面结构划分为纳米带、化学掺杂或用过渡金属装饰等方法来打开石墨烯的带隙。作为石墨烯的同素异形体,$\gamma$ 石墨炔[18]、孪生 T 石墨烯[19]、双层石墨烯[20]、多孔石墨烯[21]和孪生石墨烯[22]等一些新型的二维材料引发了人们的研究热潮[23]。研究发现,这些二维结构,特别是孪生石墨烯,除保留了石墨烯的优异性质之外,同时又具有本质上的非零带隙结构,被认为是未来半导体纳米电子器件的候选材料,在未来的纳米电子器件中具有广泛的应用前景。

孪生石墨烯在 Hermann-Mauguin 符号中有一个 $P6/mmm$ 空间群,该空间群是同态的,并且有点群 $D_{6h}$[22]。如图 2-1(a)所示,孪生石墨烯的原胞中包含有 18 个碳原子,其中有 12 个六方碳环的 C1 原子和 6 个乙烯链的 C2 原子。图 2-1(b)中包含孪生石墨烯 $2\times2\times1$ 超胞结构的鸟瞰图、俯视图和侧视图。自 Jiang 等[22]预测了这种新型的二维结构以来,已有多项研究对孪生石墨烯的电子特性、磁性、机械性能和热电性能进行了探究。

从图 2-1(b)所示的孪生石墨烯结构的俯视图来看[22],其结构类似于 $\gamma$ 石墨炔,它们具有相同的空间群 $P6/mmm$。但是孪生石墨烯和 $\gamma$ 石墨炔在结构上仍然存在差异[2]。$\gamma$ 石墨炔是单原子层厚的碳的同素异形体,由乙炔键及含有 sp 和 $sp^2$ 杂化碳原子的六角形碳环组成[18]。而孪生石墨烯是三原子层厚的碳同素异形体,由乙烯键和 AA 堆叠的六边形碳环组成。六边形碳环位于顶部和底部的平面上,乙烯键位于中间的平面上。$\gamma$ 石墨炔和孪生石墨烯都是具有直接带隙的半导体。前者由于其电子结构可以作为电子器件使用,因此孪生石墨烯的电子性质在纳米技术领域也引起了研究者的注意。

孪生石墨烯是一种具有直接带隙的半导体,其带隙(0.90 eV)与半导体材料硅的带隙(1.17 eV)接近,是 $MoS_2$ 单分子层带隙(1.90 eV)的近一半[24]。Jiang 等[22]计算了孪生石

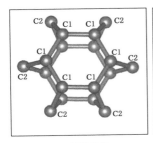

（a）原胞结构

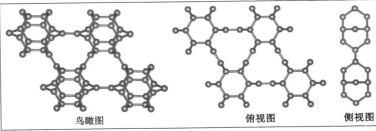

鸟瞰图　　　　　　俯视图　　　侧视图

（b）2×2×1超胞结构

图 2-1　孪生石墨烯的结构

墨烯的声子谱从而证明了其稳定性,并根据第一性原理计算和分子动力学模拟得到了孪生石墨烯结构参数。其中 C1—C1 键为 1.42 Å,C1—C2 键长为 1.55 Å 以及 C2—C2 键长为 1.34 Å,这里 C1 原子为 sp² 杂化,而 C1—C2、C2—C2 分别表现出单键和双键特征。Li 等[25] 运用第一性原理对吸附 3d 过渡金属(Sc,Ti,V,Cr,Mn,Fe,Co,Ni,Cu,Zn)的孪生石墨烯进行了研究,结果发现,所有的吸附都属于 n 型掺杂,电荷由过渡金属原子转移到邻近的 C 原子,并与这些 C 原子形成较强的共价键,且不同的过渡金属吸附能使体系从半导体向导体和绝缘体转变。Majidi 等[26] 用氮化硼掺杂显著地改变了孪生石墨烯的电子性质,发现随着氮化硼数目的增加,类石墨烯氮化硼碳片的带隙增大。Majidi 等[27] 还发现当原始孪生石墨烯中的 C 原子全部被 BN 对取代时,孪生石墨烯由半导体变为绝缘体,同时 Ti 嵌入的孪生石墨烯对 HF 和 H₂S 的吸附强度有所增强。Dong 等[16] 也发现金属修饰对孪生石墨烯是否用于储氢材料具有决定性作用。

孪生石墨烯力学性质研究表明,其能带结构可以通过不同类型的机械应变来设计[28],包括平面内单轴应变 $\varepsilon_x$(锯齿形方向)、$\varepsilon_y$(扶手椅形方向)和双轴应变 $\varepsilon_b$。机械应变能够调谐孪生石墨烯的带隙在 0.4～1.0 eV 范围内变化,如图 2-2 所示[22]。单轴拉伸应变可以使导带底向下平移,价带顶向上平移[图 2-2(c)、(d)],而双轴拉伸应变可以有效地改变两个最高价带[图 2-2(e)]。另外,在大应变范围内,孪生石墨烯的直接跃迁特性保持良好,能使其在机械应变下成为稳定频率的可调光学器件。Jiang 等[22] 利用分子动力学模拟研究了孪生石墨烯的力学性能,发现在 1 K 时,孪生石墨烯的面内刚度为 172 N/m(21.35 eV/atom),剪切刚度为 65 N/m,表明分子动力学计算可以准确预测孪生石墨烯的力学性能,这与第一性原理计算结果一致。模拟结果还表明,孪生石墨烯的弯曲刚度约为 1.39 eV,300 K 时弯曲应变在锯齿形和扶手椅形方向分别约为 17% 和 16%。孪生石墨烯的这些优异的力学性能(可与 γ 石墨炔相媲美)、中等禁带宽度、二维平面形状以及全碳结构使其成为未来全碳电子器件的半导体候选材料。

热电转换作为一种将废热转化为电能的有效途径,在解决能源需求和环境问题方面的潜力一直备受人们的关注。在实际应用中,热电材料应具有较高的热电转换效率,衡量热电转换效率可用热电优值 ZT 来进行:

$$ZT = S^2 \sigma T / \kappa \tag{2-1}$$

其中,$Z$ 为材料的热电系数(单位 K⁻¹),$T$ 为热力学温度(单位 K),$S$ 为塞贝克系数,$\sigma$ 为电子电导(电阻的倒数,电导的单位是西门子 S),$\kappa$ 为电子($\kappa_{el}$)和声子($\kappa_{ph}$)的热导率

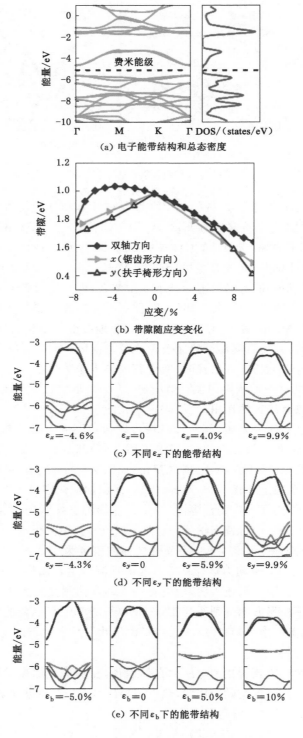

(a) 电子能带结构和总态密度

(b) 带隙随应变变化

(c) 不同 $\varepsilon_x$ 下的能带结构

(d) 不同 $\varepsilon_y$ 下的能带结构

(e) 不同 $\varepsilon_b$ 下的能带结构

图 2-2　孪生石墨烯的能带结构[22]

（最低导带和最高价带分别由蓝线和红线表示）

[单位 W/(m·K)]。

Peng 等[29]基于非平衡格林函数,研究了扶手椅形和锯齿形孪生石墨烯纳米带的热电性能以及缺陷对其热电性能的影响,结果表明,扶手椅形孪生石墨烯纳米带的热电性能优于锯齿形孪生石墨烯纳米带的,因为其功率因数较大。在室温下,扶手椅形孪生石墨烯纳米带的热电优值为 0.6。通过引入缺陷,扶手椅形孪生石墨烯纳米带的热电优值进一步提高到 1.1,这主要是由于强声子散射和声子局部化所致。研究表明,这种有机柔性材料在热电领域具有潜力。Rezaee 等[28]采用非平衡分子动力学(NEMD)模拟和傅立叶定律对孪生石墨烯的热导率进行了研究,探究了长度、温度以及扶手椅形和锯齿形方向的单轴应变对热性能的影响。结果表明,电导率随系统长度的增加而增加,随系统平均温度的增加而略有降低。此外,当施加应变达到 0.02 时,热导率会升高,在 0.02~0.06 区间有下降趋势,可用于热性能的调整。最后,他们通过对声子态密度的研究,发现可以通过改变诸如应变等参数来控制孪生石墨烯系统的热性能。

## 2.2　双掺杂调控孪生石墨烯的电子结构性质

二维(2D)材料由于其独特的电子、机械、光学和热输运特性而受到广泛的研究[30-37]。特别是石墨烯作为碳的二维同素异形体,因其优异的物理化学性能而受到学术界的广泛关注[38-42]。然而,石墨烯的零带隙限制了其在纳米电子学中的应用。因此,$\gamma$ 石墨炔[18]、五石墨烯[43-44]、孪生 T 石墨烯[19,45]和孪生石墨烯[22]等,多种有带隙的新型石墨烯的衍生物引起了研究人员的关注。Jiang 等[22]应用第一性原理计算预测了孪生石墨烯,它是一种新型的碳的二维同素异形体,其固有直接带隙约为 1.0 eV。孪生石墨烯的带隙可与硅的带隙(1.1 eV)相媲美,并可通过平面应变进行调谐。此外,孪生石墨烯在半导体工业中具有潜在的应用前景。因此,已有多项研究探索了孪生石墨烯的电子、磁性、力学和热电性能。Li 等[25]发现单个 3d 过渡金属原子的吸附可以调节孪生石墨烯的电子性能和磁学性质,并可以将孪生石墨烯结构从半导体性质转变为金属、half 半导体(half-semiconductor)或半金属性质。原始孪生石墨烯对 HF 和 $H_2S$ 的吸附表现出较弱的物理吸附[27],在孪生石墨烯中掺杂 Ti 原子后,其对气体的吸附强度增加且掺杂 Ti 的孪生石墨烯仍保持半导体性能。同样,气体(苯、苯乙烯、苯胺和邻甲苯胺)在孪生石墨烯上的吸附为物理吸附,吸附气体的孪生石墨烯系统保持半导体性质。然而,这些气体的吸附降低了带隙,增加了孪生石墨烯的电偶极矩。孪生石墨烯中掺入 B 原子和 N 原子后,其原子结构和电子性质得到了明显的改变,当所有的 C 原子被 BN 对取代时,原始孪生石墨烯从半导体变为绝缘体[26]。有关孪生石墨烯力学性能的研究表明,孪生石墨烯的杨氏模量和断裂应变均小于石墨烯的,且杨氏模量随温度呈线性下降。在文献[29]中,Peng 等观察到通过引入缺陷可以提高孪生石墨烯纳米带的热电性能。

以上研究表明,孪生石墨烯具有优异的物理和化学性能,通过掺杂改性孪生石墨烯具有重要意义。然而,据我们所知,除了前面提到的研究,还没有关于孪生石墨烯的研究。调节二维材料的电子特性对于其在纳米电子材料方面的应用是至关重要的。对石墨烯进行杂原子掺杂已经成为调节石墨烯电子结构和磁性以及扩展二维材料家族的首选方法。双掺杂也常用于修饰单层和双层石墨烯的电子、磁性和催化性能。Denis 等[17,46]研究了掺杂两个杂原子的单层石墨烯,发现双掺杂比只在石墨烯框架中引入一种掺杂剂更容易实现。双掺杂显著提高了单层石墨烯的反应性,最有希望的掺杂剂组合是 AlO、SN、PO 和 SiB。特别是在双掺杂石墨烯中,狄拉克锥的结构被保留下来。然而,关于孪生石墨烯的双掺杂研究尚未开展。因此,在本章中通过 3p 元素铝、硅、磷和非金属 2p 元素硼、氮、氧进行双掺杂,系统地研究了双掺杂孪生石墨烯的结构稳定性、电子特性和磁性。本研究结果对促进孪生石墨烯在纳米电子学领域的应用具有重要意义。

## 2.2.1　计算方法与结构模型

本章基于密度泛函理论,采用维也纳从头计算模拟程序包(VASP)进行计算[47]。电子和离子之间的相互作用选用投影扩充波(PAW)方法来计算[48]。采用广义梯度近似(GGA)下的 Perdew-Burke-Ernzerhof(PBE)泛函理论形式来处理电子交换相关作用[49],加入了 Grimme 的 DFT-D2 方法来考虑范德瓦耳斯相互作用[50]。为了确保结果准确,平面波基组的截断能设置为 450 eV。对简约布里渊区采用 Monkhorst-Pack 方法自动生成 $2\times2\times1$ 的 $k$ 点抽样[51]。采用共轭梯度算法对体系进行弛豫,直到每个原子上的能量小于 $10^{-4}$ eV,每个离子上的力收敛到小于 0.03 eV/Å 为止。在垂直于孪生石墨烯平面的方向插入厚度为 20 Å 的真空层以消除相邻单元之间的相互作用。形成能 $E_{f}$(单位 eV)定义为:

$$E_{f} = E_{TG-XY} - E_{TG} - E_{XY} \tag{2-2}$$

其中,$E_{TG-XY}$ 为掺杂系统的总能量(单位 eV),$E_{TG}$ 为除去掺杂原子的孪生石墨烯能量(单位 eV),$E_{XY}$ 为掺杂原子的能量(单位 eV)。巴德电荷分析用来计算每个原子在掺杂过程中的电荷转移情况[52-53]。

计算构型是在原始孪生石墨烯中分别掺杂一个 X 原子和一个 Y 原子。通过选取 X(X=Al,Si,P)和 Y(Y=B,N,O)原子来取代孪生石墨烯顶层六角形碳环的两个 C1 原子。其中两个掺杂原子分别位于邻位(ortho)、间位(meta)和对位(para),如图 2-3 所示。

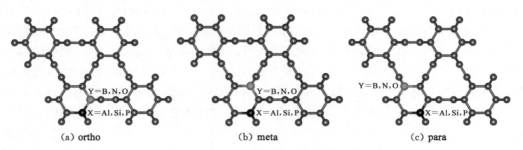

|  (a) ortho  |  (b) meta  |  (c) para  |

图 2-3　双掺杂孪生石墨烯的结构模型

## 2.2.2　AlY(Y=B,N,O)双掺杂的孪生石墨烯

对 Al 和 Y(Y=B,N,O)双掺杂的孪生石墨烯进行完全弛豫,优化后最稳定构型的俯视图和侧视图如图 2-4 所示,其中,每个分图中左图为俯视图,右图为侧视图。表 2-1 列出了双掺杂孪生石墨烯体系的形成能($E_{f}$)、键长($d$)、磁矩($M$)和电荷转移量($Q$)。

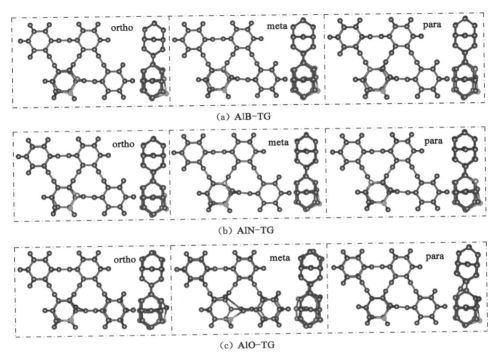

(a) AlB-TG

(b) AlN-TG

(c) AlO-TG

图 2-4 AlY(Y＝B,N,O)双掺杂孪生石墨烯最稳定结构的俯视图和侧视图

表 2-1 双掺杂孪生石墨烯(AlY-TG)体系的形成能($E_f$)、掺杂原子与最近的 C 原子之间的
键长($d_{Al-C}$,$d_{Y-C}$)、磁矩($M$)和电荷转移量($Q$)

| | $E_f$/eV | $d_{Al-C}$/Å | $d_{Y-C}$/Å | $M/\mu_B$ | $Q/e$ | |
|---|---|---|---|---|---|---|
| | AlB-TG | | | | Al | B |
| ortho | −9.342 | 1.959 | 1.533 | 0 | −1.196 | −1.395 |
| meta | −10.961 | 1.915 | 1.495 | 1.010 | −1.673 | −2.103 |
| para | −11.982 | 1.942 | 1.579 | 0 | −1.743 | −2.033 |
| | AlN-TG | | | | Al | N |
| ortho | −9.202 | 1.918 | 1.390 | 0 | −1.273 | 0.522 |
| meta | −9.853 | 1.921 | 1.365 | 0 | −1.463 | 0.561 |
| para | −10.213 | 1.921 | 1.443 | 0 | −1.582 | 0.534 |
| | AlO-TG | | | | Al | O |
| ortho | −6.611 | 1.930 | 1.344 | 0.500 | −0.979 | 0.172 |
| meta | −5.232 | 2.003 | 1.381 | 0.560 | −1.403 | 0.352 |
| para | −6.182 | 1.938 | 1.432 | 0 | −1.330 | 0.422 |

结合图 2-4 和表 2-1 可以得出以下结论。

第一,双掺杂孪生石墨烯体系的稳定性可以由形成能 $E_f$ 的值来推断,负的形成能表明双掺杂过程都是放热的,所以双掺杂体系具有稳定的结构。形成能的绝对值越大,说明掺杂体系越稳定。与双掺杂单层石墨烯和双层石墨烯相比,双掺杂的孪生石墨烯体系更加稳定。相反,对于不同元素 B、N 或 O 原子在同一掺杂位点上,稳定性按 B、N、O 的顺序下降,AlB 双掺杂的孪生石墨烯体系的热力学稳定性最好。这可能是因为原子半径的减小顺序为 Al(2.39 Å)、B(2.05 Å)、C(1.90 Å)、N(1.79 Å)、O(1.71 Å),而且 Al 和 B 的原子半径(2.39 Å 和 2.05 Å)比 C 的原子半径(1.90 Å)大。在 AlY-TG 体系中,当 Y(Y=B,N,O)原子掺杂到孪生石墨烯中时,原子半径越大的原子与碳原子之间的相互作用越强。同一个 Y(Y=B,N,O)原子掺杂的孪生石墨烯体系中,对于不同的邻位、间位和对位取代位点,稳定性按邻位、间位和对位顺序增加。因此,在 AlB-TG 和 AlN-TG 体系中,对位掺杂最稳定,而在 AlO-TG 体系中,邻位掺杂最稳定。这可能是因为 B 和 N 的原子半径(2.05 Å 和 1.79 Å)接近 C 的原子半径(1.90 Å),而 Al 的原子半径(2.39 Å)大于 C 的原子半径(1.90 Å)。因此,在考虑掺杂剂与碳原子相互作用的情况下,可以充分释放对位的应力。相反,O 的原子半径(1.71 Å)小于 C 的原子半径(1.90 Å)。因此,该系统中的应力可以在邻位得到充分释放,而不是在对位和间位。

第二,对于稳定的双掺杂构型的 AlY-TG 体系,掺杂原子周围的几何结构发生了不同程度的变形。邻位掺杂产生的结构几何畸变最大。Al 原子与 C 原子的键长变化范围为 1.915~2.003 Å,Y(Y=B,N,O)原子与 C 原子的键长变化范围为 1.344~1.579 Å,其中 Al—C 的键长明显大于 Y—C 双掺杂孪生石墨烯中 Y—C 的键长(约 1.42 Å,与 C—C 的键长接近),使得石墨烯的 Y(Y=B,N,O)原子和 C 原子可以存在于 $sp^2$ 框架中。但由于加入了 3p 金属元素 Al,使得掺杂原子向外突出,从而在一定程度上改变了孪生石墨烯的平面结构。

第三,由表 2-1 可以看出,不同 Y 原子在不同掺杂位点的 AlY-TG 体系中存在不同的磁矩。Al 和 N 双掺杂的孪生石墨烯体系是非磁性的。Al 和 B 在间位双掺杂的孪生石墨烯体系的磁矩为 1.010 $\mu_B$,而 Al 和 O 在邻位和间位双掺杂孪生石墨烯体系的磁矩分别为 0.500 $\mu_B$ 和 0.560 $\mu_B$。对于双掺杂的单层石墨烯和双层石墨烯[17],只有 AlO 双掺杂体系的磁矩为 1.000 $\mu_B$。因此,双掺杂 Al 和 Y 原子可以调节孪生石墨烯的磁性能。

第四,如表 2-1 所列,巴德电荷分析能够得到掺杂体系的电荷转移情况,其中负电荷和正电荷分别代表电子的供体和受体。在 AlY-TG 体系中,Al 原子总是失去电子。更具体地说,考虑到最稳定的 AlB-TG 体系,Al 和 B 原子都是电子的供体,所有电荷都从 Al 和 B 原子转移到孪生石墨烯的 C 原子中。然而,与 Al 和 B 双掺杂体系不同,在 AlN-TG 体系中,电荷从 Al 原子转移到 N 和 C 原子,在 AlO-TG 体系中电荷从 Al 原子转移到 O 和 C 原子。这可能是因为某种元素的电负性越大,其原子吸引化合物电子的能力就越大。原子的电负性依次为 Al(1.61)、B(2.04)、C(2.55)、N(3.04)、O(3.44),因此,C 原子的电负性大于 Al 和 B 原子的电负性,而小于 N 和 O 原子的电负性。所以,在 AlB-TG 体系中,电荷由 Al 和 B 原子转移到 C 原子,而在 AlN-TG 和 AlO-TG 体系中,电荷由 Al 原子转移到 N、O 和 C 原子。

差分电荷密度可以进一步解释 AlY-TG 的电荷转移,如图 2-5 所示。在所有的 AlY-TG 体系中,Al 和 B 原子周围都是青色区域,说明在掺杂的过程中 Al 和 B 原子失去电荷,而 N 和 O 原子周围的黄色区域说明 N 和 O 原子获得电荷。这与表 2-1 所计算的巴德电荷转移中 Al 和 B 原子的负电荷转移量以及 N 和 O 原子的正电荷转移量是保持一致的。同时,C 原子的差分电荷密度明显积累,表现为电荷从 Al 原子向电负性更强的 C 原子转移,从而形成 Al—C 离子键。在 AlN-TG 体系中,N 原子与最近的 C 原子相互作用,形成 N—C 共价键。此外,O—C 共价键在 AlO-TG 体系中形成。综上所述,这些离子键和共价键特性有助于提高 AlY-TG 体系的稳定性。

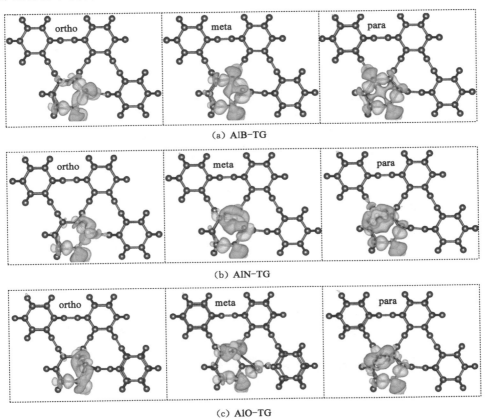

(a) AlB-TG

(b) AlN-TG

(c) AlO-TG

图 2-5　AlY(Y＝B,N,O)双掺杂孪生石墨烯(AlY-TG)体系的差分电荷密度图
(黄色和青色区域分别代表电荷积累和消耗;等值面对应的值为 0.008 e/Å³)

　　为了进一步了解 AlY-TG 体系的电子结构性质,绘制了 AlY-TG 体系的能带结构图和态密度图,如图 2-6 和图 2-7 所示。原始孪生石墨烯是一种具有直接带隙的半导体,而 AlB 和 AlN 掺杂体系能够有效地调节这种半导体的带隙。AlB-TG-ortho、AlB-TG-meta、AlB-TG-para、AlN-TG-ortho、AlN-TG-meta 和 AlN-TG-para 的能带隙分别为 0.62 eV、0.14 eV、0.84 eV、0.47 eV、0.18 eV 和 0.73 eV。特别是,在邻位掺杂 AlB 可以使孪生石墨烯从直接半导体转变为间接半导体。而在 AlO-TG 体系中存在穿过费米能级的能带,表明 AlO 掺杂使孪生石墨烯从半导体转变为金属。此外,在图 2-7 所示的态密度图中,AlB-TG 和 AlN-TG 体系中 Al 的 3p 态与费米能级附近的 C、B 和 N 原子的 2p 态之间存在很强的耦合效应。而对于在邻位和对位上双掺杂的 Al 和 O 原子,O 原子的 2p 轨道与 C 原子的 2p 轨道之间存在弱杂化,Al 原子的 3p 轨道在费米能级附近几乎没有贡献。杂化主要发生在 Al 原子的 3p 轨道和 C 原子的 2p 轨道之间。上述结果表明,通过 AlY(Y＝B,N,O)双掺杂可以有效调节孪生石墨烯的电子结构特性。

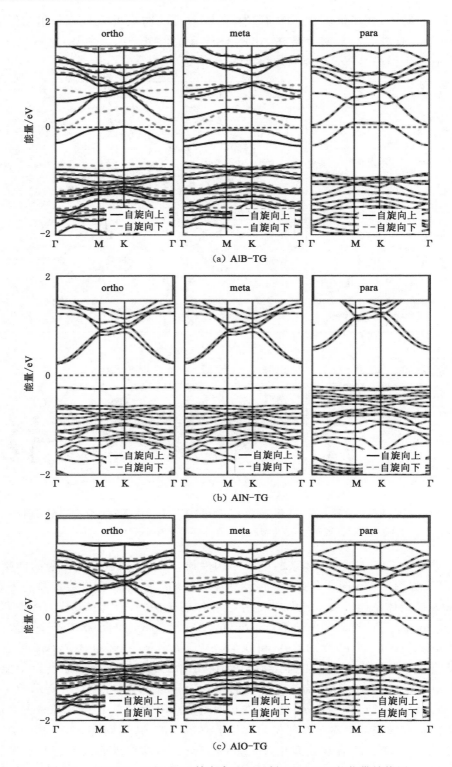

图 2-6　AlY(Y=B,N,O)双掺杂孪生石墨烯(AlY-TG)的能带结构图
(费米能级为零)

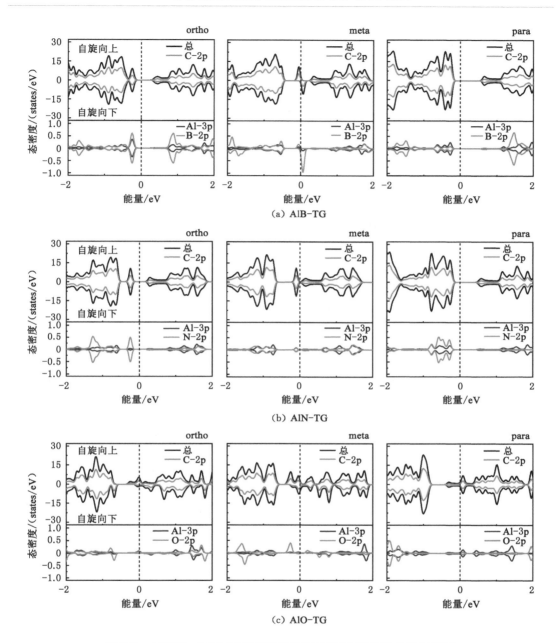

图 2-7 AlY(Y＝B,N,O)双掺杂孪生石墨烯(AlY-TG)的态密度图

(费米能级为零)

接下来考虑不同浓度的双掺杂结构对 AlY-TG 体系结构稳定性和电子结构的影响。以 AlB-TG-meta 体系为例,研究了掺杂浓度为 2.8％、5.6％、8.3％和 11.1％时体系的形成能、磁矩和能带结构,形成能和磁矩随掺杂浓度的变化如图 2-8 所示。首先,掺杂体系的形成能随着掺杂浓度的增加而线性降低,可以说明随着掺杂浓度的增加,掺杂体系变得更加稳定。其次,原始孪生石墨烯是非磁性的,其磁矩为零。AlB 双掺杂后,AlB-TG-meta 体系的磁矩随掺杂浓度的增加而一直增加。当掺杂的 Al 和 B 为奇数对时(即掺杂

浓度为 2.8% 和 8.3% 时),磁矩分别增加至 1.01 $\mu_B$ 和 1.09 $\mu_B$,增加幅度较小。对于掺杂浓度为 5.6% 和 11.1% 时(即掺杂偶数对的 Al 和 B 原子),磁矩显著增加,分别增加至 1.24 $\mu_B$ 和 1.86 $\mu_B$。这些结果为孪生石墨烯在磁存储和自旋电子器件中的应用提供了理论依据。

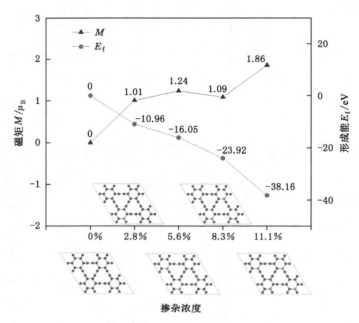

图 2-8　AlB-TG-meta 体系中 AlB 双掺杂孪生石墨烯的形成能和磁矩随掺杂浓度的变化

从图 2-9 中可以看出,在掺杂浓度为 2.8% 的 AlB-TG-meta 体系中,最高的被占用分子轨道(HOMO)主要是由孪生石墨烯的 C 原子贡献的,而最低的未被占用分子轨道(LUMO)是由掺杂 B 原子贡献的。在掺杂浓度为 8.3% 的 AlB-TG-meta 体系中,HOMO 和 LUMO 主要是由 C 和 B 原子贡献的。当掺杂浓度为 5.6% 时,自旋向上和自旋向下态均是由 C 和 Al 原子贡献的,表明 C 和 Al 原子在费米能级附近存在强耦合效应。当掺杂浓度为 11.1% 时,在自旋向下的能带 M 点处可以观察到 B 原子激发的四倍简并态和 Al 原子激发的双简并态。这些结果表明,随着掺杂浓度的变化,AlB-TG-meta 体系可以被极大地激发出优异的电子性能,并且 AlY 双掺杂的孪生石墨烯在纳米自旋电子学器件中具有潜在的应用前景。

### 2.2.3　XY(X＝Si,P;Y＝B,N,O)双掺杂孪生石墨烯

对 SiY、PY 双掺杂孪生石墨烯的结构稳定性进行了探究,具体计算结果如表 2-2 和表 2-3 所列,结合表中数据能够得出以下结论。首先,所有的双掺杂构型和 AlY-TG 体系类似,都能形成稳定结构,形成能的绝对值越大体系越稳定,对于不同元素的双掺杂 SiY-TG 体系和 PY-TG 体系稳定性由高到低依次为 PB-TG、SiB-TG、SiN-TG、PN-TG、PO-TG、SiO-TG。对于相同元素的双掺杂,考虑了邻位、间位和对位三种不同位置的双掺杂,结果表明,所有的双掺杂元素都在对位掺杂时更加稳定。其次,在表 2-2 和表 2-3 中列出

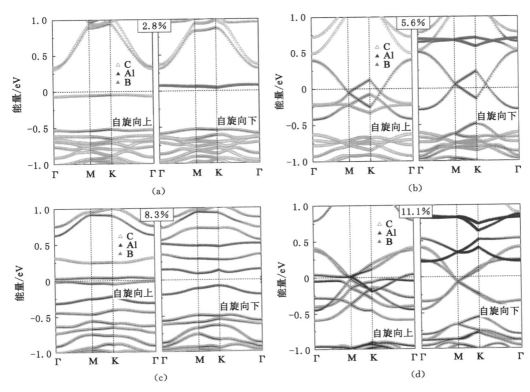

图 2-9　不同掺杂浓度的 AlB 在间位双掺杂孪生石墨烯（AlB-TG-meta）体系中的投影能带结构图
（费米能级为零）

了掺杂原子 Si 和 P 以及 B,N,O 距离最近邻 C 原子的键长 $d$,由于 Si 和 P 属于元素周期表中的第三周期元素,而 B,N,O 属于第二周期元素和 C 原子在同一个周期,所以形成的Si—C 键长和 P—C 键长在 $1.77\sim1.89$ Å 范围内,而 B—C 键长,N—C 键长和 O—C 键长在 $1.34\sim1.56$ Å 范围内,后者键长要比前者键长短。再次,计算了双掺杂构型的磁矩,其中 SiO-TG、PB-TG 和 PN-TG 体系未产生磁矩,另外三个掺杂体系分别产生了磁矩,其中最大磁矩为 $0.569\ \mu_B$,该磁矩是由 P、O 在间位掺杂所产生的。最后,用巴德电荷计算了在掺杂过程中掺杂原子的电荷转移情况。Si、B 和 P 原子在掺杂过程中是失去电荷的,在表 2-2 和表 2-3 中表现为负的电荷转移量,N 和 O 是得到电荷的,在表 2-2 和表 2-3 中表现为正的电荷转移量。

表 2-2　稳定双掺杂孪生石墨烯（SiY-TG）体系的形成能（$E_f$）、掺杂原子与最近的 C 原子之间的键长（$d_{Si—C}$,$d_{Y—C}$）、磁矩（$M$）和电荷转移量（$Q$）

| | $E_f$/eV | $d_{Si—C}$/Å | $d_{Y—C}$/Å | $M/\mu_B$ | $Q$/e | |
| --- | --- | --- | --- | --- | --- | --- |
| | SiB-TG | | | | Si | B |
| ortho | $-9.342$ | 1.869 | 1.531 | 0.480 | $-1.047$ | $-1.441$ |
| meta | $-11.362$ | 1.771 | 1.506 | 0.537 | $-2.098$ | $-1.841$ |
| para | $-12.060$ | 1.886 | 1.570 | 0.475 | $-1.010$ | $-1.792$ |

表 2-2(续)

| $E_f$/eV | | $d_{Si-C}$/Å | $d_{Y-C}$/Å | $M/\mu_B$ | $Q$/e | |
|---|---|---|---|---|---|---|
| SiN-TG | | | | | Si | N |
| ortho | −8.400 | 1.855 | 1.387 | 0.487 | −0.959 | 0.368 |
| meta | −7.448 | 1.857 | 1.364 | 0.017 | −1.428 | 1.372 |
| para | −9.649 | 1.847 | 1.430 | 0.006 | −1.716 | 0.822 |
| SiO-TG | | | | | Si | O |
| ortho | −4.792 | 1.838 | 1.345 | 0 | −0.630 | 0.106 |
| meta | −4.379 | 1.815 | 1.390 | 0 | −1.453 | 0.576 |
| para | −5.254 | 1.865 | 1.427 | 0 | −1.416 | 0.657 |

表 2-3　稳定双掺杂孪生石墨烯(PY-TG)体系的形成能($E_f$)、掺杂原子与最近的 C 原子之间的
键长($d_{P-C}$, $d_{Y-C}$)、磁矩($M$)和电荷转移量($Q$)

| $E_f$/eV | | $d_{P-C}$/Å | $d_{Y-C}$/Å | $M/\mu_B$ | $Q$/e | |
|---|---|---|---|---|---|---|
| PB-TG | | | | | P | B |
| ortho | −10.309 | 1.822 | 1.530 | 0 | −0.813 | −1.248 |
| meta | −11.447 | 1.792 | 1.495 | 0 | −2.345 | −1.606 |
| para | −12.323 | 1.846 | 1.560 | 0 | −1.358 | −1.652 |
| PN-TG | | | | | P | N |
| ortho | −6.778 | 1.821 | 1.381 | 0 | −1.541 | 0.139 |
| meta | −6.132 | 1.827 | 1.353 | 0 | −0.959 | 0.890 |
| para | −8.515 | 1.824 | 1.433 | 0 | −1.058 | 0.801 |
| PO-TG | | | | | P | O |
| ortho | −5.958 | 1.797 | 1.349 | 0 | −0.542 | 0.313 |
| meta | −6.347 | 1.819 | 1.404 | 0.569 | −1.010 | 0.701 |
| para | −6.811 | 1.831 | 1.419 | 0.039 | −0.969 | 0.765 |

　　为了探究 SiY、PY 双掺杂孪生石墨烯的电子特性,绘制了电子局域函数(ELF)图和差分电荷密度图,如图 2-10~图 2-13 所示。电子局域函数图能够用颜色来反映体系局域性的强弱,其中电子局域函数数值为 0(蓝色部分)意味着局域性最弱,离域性最强,电子局域函数数值为 1(红色部分)意味着局域性最强。由图 2-10 和图 2-11 可以看出,这两种不同类型的双掺杂都能引起掺杂原子周围的颜色由黄色向橙红色转变,说明掺杂原子和周围的 C 原子之间的局域性增强。对比 SiY-TG 和 PY-TG 体系的电子局域函数图,在掺杂原子 SiB、SiN、SiO 周围的颜色比 PB、PN、PO 周围颜色更接近红色,所以可以得出 SiY-TG 体系的电子局域性要强于 PY-TG 体系的电子局域性。差分电荷密度图可以用来描述掺杂过程中电荷的得失情况,其中黄色的区域表示电荷的得到,青色的区域表示电荷的失去,区域的大小表示电荷转移量的多少。由图 2-12 和图 2-13 可以看出,Si 原子、B 原子和 P 原子周围包裹的为青色,表明它们在掺杂的过程中是失去电荷的,N 原子和 O

原子周围包裹的为黄色,表明它们在掺杂过程中是得到电荷的,这与上文所计算的巴德电荷结果分析保持一致。

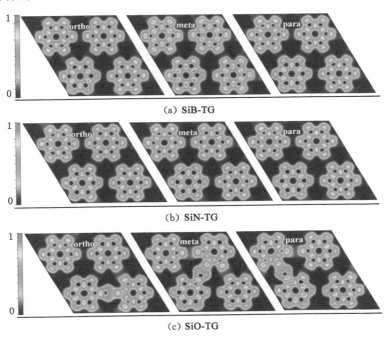

图 2-10　SiY(Y=B,N,O)双掺杂孪生石墨烯的电子局域函数图

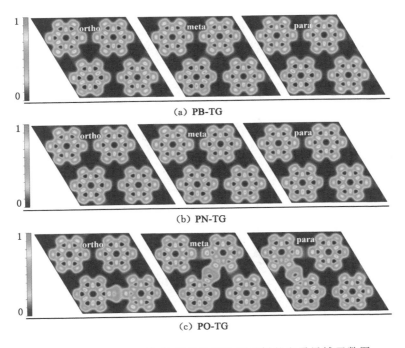

图 2-11　PY(Y=B,N,O)双掺杂孪生石墨烯的电子局域函数图

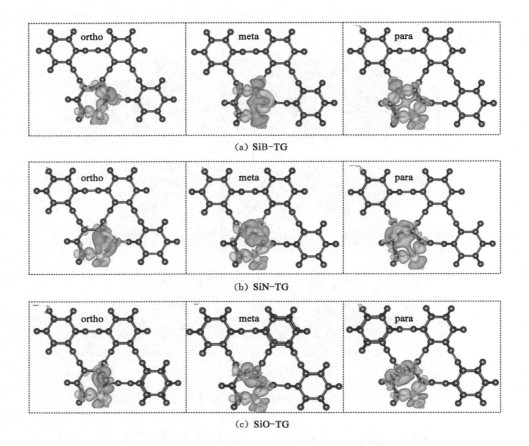

图 2-12　SiY(Y＝B,N,O)双掺杂孪生石墨烯的差分电荷密度图

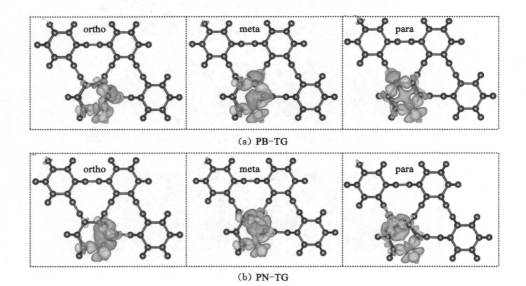

图 2-13　PY(Y＝B,N,O)双掺杂孪生石墨烯的差分电荷密度图

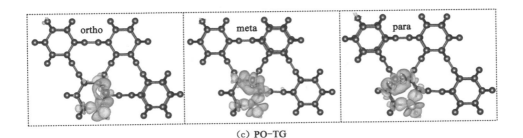

(c) PO-TG

图 2-13 （续）

最后计算了双掺杂体系的能带结构,如图 2-14 和图 2-15 所示。由图可以看出,SiB-TG 和 PN-TG 体系在邻位、间位和对位仍然保持其半导体特性,对应的带隙分别为 0.51 eV、0.43 eV、0.41 eV、0.52 eV、0.24 eV 和 0.77 eV。对于 SiN-TG 体系在邻位掺杂和对位掺杂时,自旋向上和自旋向下的能带都有带隙,对应的带隙分别为 0.29 eV 和 0.20 eV,当双掺杂位于间位时,自旋向上带隙为 0.13 eV,自旋向下为金属特性,此时说明 SiN-TG-meta 体系是半金属特性。对于 SiO-TG 体系在邻位和间位掺杂能使自旋向上和自旋向下发生分裂,表现出金属特性,而当 Si 原子和 O 原子保持对位掺杂时,自旋向上和自旋向下仍然保持重合,此时体系仍为非磁性半导体,带隙为 0.52 eV。对于 PB-TG 体系邻位和对位掺杂以及 PO-TG 体系间位掺杂,均表现出半导体特性,带隙分别为 0.74 eV、0.82 eV 和 0.39 eV。对于 PB-TG 体系间位掺杂以及 PO-TG 体系邻位和对位掺杂均表现出金属特性。由以上分析可以得出不同掺杂元素能引起不同的电子结构特性,另外,相同元素不同位置的掺杂也能引起体系从半导体特性向金属特性的转变。

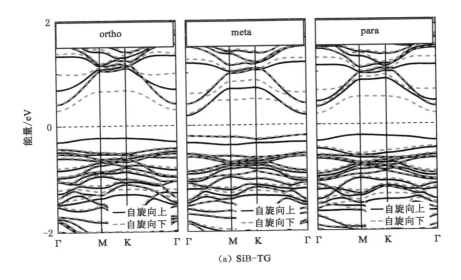

(a) SiB-TG

图 2-14　SiY(Y＝B,N,O)双掺杂孪生石墨烯的能带结构

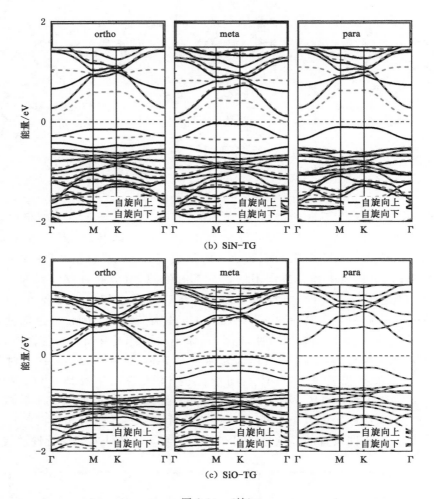

(b) SiN-TG

(c) SiO-TG

图 2-14 （续）

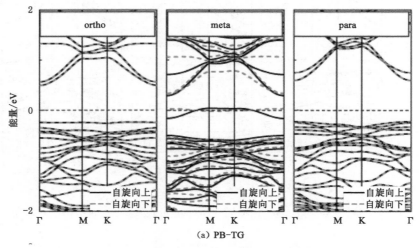

(a) PB-TG

图 2-15 PY(Y＝B,N,O)双掺杂孪生石墨烯的能带结构

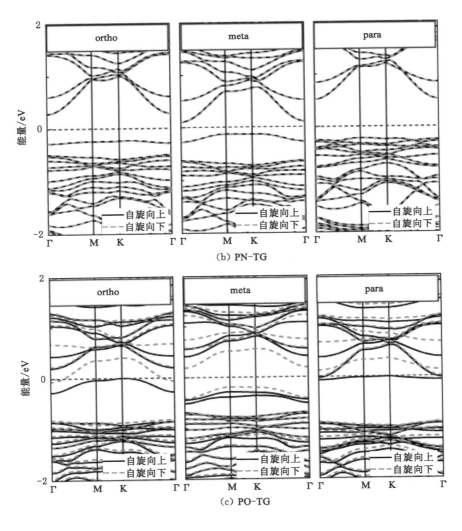

图 2-15　（续）

## 2.3　电场调控孪生石墨烯的气体吸附性质

一氧化碳（CO）和一氧化氮（NO）是无色无味的有毒气体，是工业和汽车尾气中常见的大气污染物。矿物燃料燃烧产生的气体也会对环境造成有害影响，如全球变暖、臭氧消耗、酸雨和气候变化。有害气体不仅影响人类健康，对环境也有不良的影响。因此，对这些有毒气体的有效检测和去除具有重要意义。二维（2D）材料一直以来是气体传感器的有效候选材料[12,13,47,54-63]，特别是在发现石墨烯用于检测单个气体分子的潜力后[13]，石墨烯的气体敏感特性得到了广泛的研究[64-65]，但石墨烯在实际应用中存在响应性低、稳定性差等缺点，许多研究表明寻找新的碳的同素异构体或者掺杂金属原子能够有效提高二维材料对小气体分子的吸附敏感性[3,37,54-55,62,66-74]。许多材料如金属氧化物半导体、导电聚合物、碳基材料等，已经被研究并用于有毒气体传感器[14-15,18,40-41,57,75-76]。然而,这些气体传感器存在成本高、灵敏度低、选择性差等缺点。因此,有必要设计高性能的气体传感器来检测这些有毒气体。

与石墨烯相比,孪生石墨烯具有更大的比表面积、优异的电子特性和力学性能。许多研究者对孪生石墨烯的气体敏感特性进行了初步的探索。例如,Majidi 等[27]研究了其气体敏感特性后发现,HF 和 H₂S 在原始孪生石墨烯上是较弱的物理吸附,用 Ti 原子修饰孪生石墨烯后,吸附强度增加。接着有研究者发现孪生石墨烯比 γ 石墨炔对肺癌患者呼吸产生的气体更加敏感,如苯、苯乙烯、苯胺和邻甲苯胺[2]。还有研究者预测 Ti 修饰硼掺杂的孪生石墨烯是一种新型的有前途的储氢材料[16]。孪生石墨烯被用于高灵敏度气体传感器具有很大的潜力。然而,利用孪生石墨烯对 CO 和 NO 气体的检测尚未进行研究。所以,本节研究了掺杂过渡金属(TM=Pd,Ti)的孪生石墨烯对 CO 和 NO 的吸附行为和敏感性以及电场对吸附体系稳定性和电子结构的影响。

### 2.3.1　Pd/Ti 掺杂孪生石墨烯的结构模型及其稳定性

过渡金属 Pd 具有很好的催化作用,常被用来作为储氢材料,而 Ti 原子具有较好的延展性和抗腐蚀性质。越来越多的研究证明过渡金属原子 Pd 和 Ti 作为掺杂剂能够有效提高二维材料的气体敏感特性。所以本节通过将孪生石墨烯六方碳环中的一个 C 原子替换为一个 TM(Pd,Ti)原子,优化后的 Pd 掺杂孪生石墨烯(TG-Pd)体系和 Ti 掺杂孪生石墨烯(TG-Ti)体系的稳定结构的俯视图和侧视图如图 2-16 所示。与掺杂过渡金属的双层石墨烯相似[26-27],过渡金属原子从孪生石墨烯的层间区域突出,掺杂原子和周围 C 原子的键长在 2.03 Å 左右,孪生石墨烯体系没有发生较大的变形。

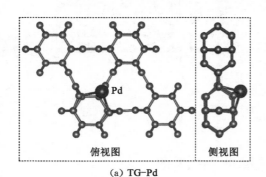

(a) TG-Pd

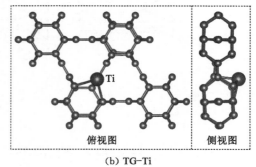

(b) TG-Ti

图 2-16　过渡金属掺杂孪生石墨烯体系的稳定结构

表 2-4 给出了掺杂孪生石墨烯(TG-TM)体系的形成能($E_f$)、掺杂原子与最近的 C 原子之间的键长($d_{Pd-C}$,$d_{Ti-C}$)、磁矩($M$)和电荷转移量($Q$),其中 Ti 掺杂石墨烯(G-Ti)的结果也一并列出,由表中的计算数据可以推导出几个结论。对于形成能$E_f$(单位 eV)定义为:

$$E_f = E_{TG-TM} - E_{TG} - E_{TM} \tag{2-3}$$

其中,$E_{TG}$、$E_{TG-TM}$ 和 $E_{TM}$ 分别为原始孪生石墨烯、掺杂体系和掺杂 TM 原子的能量(单位 eV)。

表 2-4　掺杂孪生石墨烯(TG-TM)体系的形成能($E_f$)、掺杂原子与最近的 C 原子之间的
键长($d_{Pd—C}$,$d_{Ti—C}$)、磁矩($M$)和电荷转移量($Q$)

| 体系 | $E_f$/eV | $d_{Pd—C}(d_{Ti—C})$/Å | $Q$/e | $M/\mu_B$ |
|---|---|---|---|---|
| TG-Pd | $-5.04$ | 2.036 | $-0.39$ | 1.11 |
| TG-Ti | $-8.65$ | 2.030 | $-1.39$ | 1.54 |
| G-Ti[76] | $-8.40$ | — | 1.31 | 0 |

首先,从 $E_f$ 的数值可以推测出嵌入过渡金属原子的孪生石墨烯体系的稳定性。嵌入 Ti 和 Pd 的孪生石墨烯的形成能越小,表明该体系越稳定。从表中可以看出 Pd 掺杂的孪生石墨烯的形成能为 $-5.04$ eV,Ti 掺杂的孪生石墨烯的形成能为 $-8.65$ eV,这说明 Ti 原子掺杂的孪生石墨烯体系比 Pd 掺杂的孪生石墨烯体系更加稳定。因此,Pd 和 Ti 掺杂的孪生石墨烯体系可以用作吸附 CO 和 NO 气体的衬底。其次,Pd 和 Ti 原子与其最近的 C 原子之间的键长分别为 2.036 Å 和 2.030 Å,Pd—C 和 Ti—C 键长基本一致。从巴德电荷转移情况可以看出 Pd 原子失去了 0.39 e 电荷,Ti 原子失去了 1.39 e 电荷,这表明 Ti 原子对周围 C 原子的电荷转移能力高于 Pd 原子对周围 C 原子的电荷转移能力。

### 2.3.2　Pd/Ti 掺杂孪生石墨烯的电子性质

图 2-17 为掺杂过渡金属的孪生石墨烯体系的差分电荷密度图和电子局域函数(ELF)图。在图 2-17(a)中,红色区域表示电荷的积累,绿色区域表示电荷的消耗,差分电荷密度等能面为 0.008 $e/Å^3$,可以看出 Pd 原子和 Ti 原子周围被绿色电子云包裹,这表明过渡金属掺杂孪生石墨烯之后,一般是过渡金属失去电荷和周围的 C 原子形成稳定的化学键,由此表明 Pd 原子和 Ti 原子与相邻的 C 原子之间存在很强的相互作用,这与过渡金属原子和 C 原子间的电荷转移有关。由图 2-17(b)可以看出,过渡金属原子周围的局域性很强,这说明 Pd 原子、Ti 原子与 C 原子之间形成了很强的离子键。值得注意的是,通过对比可以发现 Pd 原子周围的电子局域性比 Ti 原子周围的电子局域性强。

为了探究 Pd 原子和 Ti 原子掺杂之后对孪生石墨烯电子结构特性的影响,对比了原始孪生石墨烯的投影能带图和过渡金属掺杂孪生石墨烯的投影能带图,如图 2-18 所示。由图 2-18(a)可以看出,在 $\Gamma$ 点导带最小值为 0.53 eV,价带最大值为 0.22 eV。由此可知原始孪生石墨烯是一种直接带隙为 0.75 eV 的半导体,这与之前的理论研究结果相符[13-14,17-18,28]。在图 2-18(a)中红色、黄色、蓝色和紫色的三角形分别代表 C 原子的 s 轨道、$p_x$ 轨道、$p_y$ 轨道和 $p_z$ 轨道对能带的贡献。由图 2-18(a)可以看出,在 $-1\sim0$ eV 能量范围内价带区域的能带主要是由 C 原子的 $p_z$ 轨道和 $p_y$ 轨道所贡献的,而在 $0\sim2$ eV 能量范围内导带区域的能带主要是由 C 原子的 s 轨道、$p_x$ 轨道和 $p_y$ 轨道所贡献的。掺杂 Pd 原子之后孪生石墨烯自旋向上和自旋向下的能带图如图 2-18(b)所示。掺杂 Pd 原子之后,孪生石墨烯自旋向上和自旋向下的能带发生分裂,体系变为金属特性,导电性增强,更有利于对 CO 和 NO 气体的吸附,在自旋向上的费米能级附近的能带主要是由 Pd 原子所贡献的。掺杂 Ti 原子的孪生石墨烯自旋向上和自旋向下的能带图如图 2-18(c)所示。掺杂 Ti 原子之后,孪生石墨烯体系的带隙由原来的 0.75 eV 减小为 0.12 eV,并且由原来的直接带隙变为间接带隙。另外,可以看出掺杂 Ti 的孪生石墨烯体系自旋向上的能带和自旋向下的能带完全

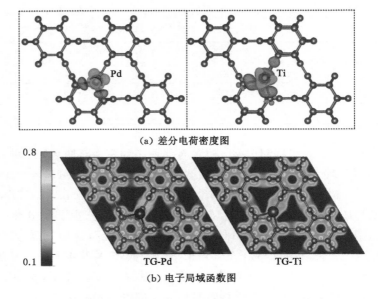

(a) 差分电荷密度图

TG-Pd　　　　TG-Ti

(b) 电子局域函数图

图 2-17　掺杂过渡金属的孪生石墨烯体系的差分电荷密度图
和电子局域函数图

重合,且价带区域−0.1 eV 附近的能带主要是由 Ti 原子所贡献的,在导带区域的能带主要是由 C 原子所贡献的。总的来说,掺杂 Pd 或 Ti 原子之后,孪生石墨烯体系的能带在费米能级附近出现一些杂质态,主要来源于掺杂 Pd 或 Ti 原子。由此可以得出掺杂 TM 在费米能级附近引入了更多的电子,这有助于孪生石墨烯对气体分子的吸附。

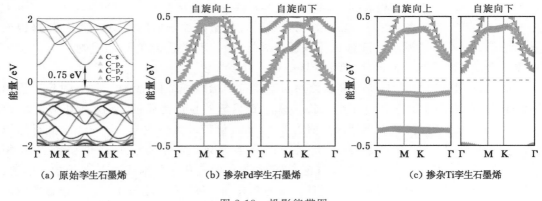

(a) 原始孪生石墨烯　　　　(b) 掺杂Pd孪生石墨烯　　　　(c) 掺杂Ti孪生石墨烯

图 2-18　投影能带图

### 2.3.3　电场调控 Pd/Ti 掺杂孪生石墨烯对 CO 和 NO 气体的吸附

对于 CO 和 NO 分子,计算得到 CO 和 NO 的键长分别为 1.13 Å 和 1.15 Å,与实验值吻合较好[29-30]。为了更详细地了解气体分子在 TG-TM 体系上的吸附行为,考虑了三种不同的初始吸附构型,如图 2-19 所示,分别为垂直于孪生石墨烯体系、O 原子在上的 C1 构型、垂直于孪生石墨烯体系、O 原子在下的 C2 构型以及平行于孪生石墨烯体系的 C3 构型。对所有初始几何结构进行充分的弛豫之后,发现无论是 CO 还是 NO 气体都更加倾向于 C1 构型吸附。当在

C1 构型吸附时,吸附体系为热动力学最稳定状态,最稳定的吸附结构如图 2-20 所示。CO 和 NO 气体分子分别通过其 C 原子的头部和 N 原子的头部与 Pd 原子和 Ti 原子发生相互作用,这表明 C 原子和 N 原子具有很强的亲核性质[30-33]。

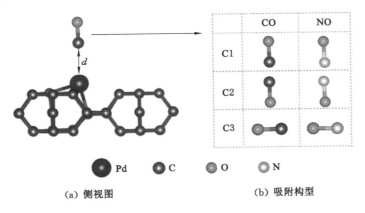

(a) 侧视图　　　　　　　(b) 吸附构型

图 2-19　过渡金属掺杂的孪生石墨烯吸附气体的结构模型

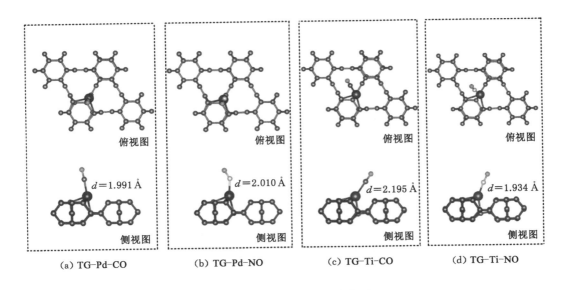

(a) TG-Pd-CO　　(b) TG-Pd-NO　　(c) TG-Ti-CO　　(d) TG-Ti-NO

图 2-20　吸附体系的最稳定构型

表 2-5 给出了吸附体系的形成能($E_f$)、吸附距离($d$)和磁矩($M$),由此可以做出以下推测。首先,4 个负的形成能($E_f$)可以说明 TG-TM-XO(X=N 或 C)4 个吸附体系的吸附过程是放热的,CO 和 NO 可以稳定吸附在过渡金属掺杂的孪生石墨烯上,NO 吸附在 TG-TM 体系的吸附能均小于 CO 吸附在过渡金属掺杂的孪生石墨烯体系的吸附能,从而说明 NO 在掺杂过渡金属的孪生石墨烯上的吸附比 CO 在掺杂过渡金属的孪生石墨烯上的吸附更稳定。4 个体系的吸附稳定性顺序从强到弱依次为 TG-Ti-NO、TG-Pd-NO、TG-Pd-CO、TG-Ti-NO。4 个吸附体系(TG-Pd-CO、TG-Pd-NO、TG-Ti-CO、TG-Ti-NO)的吸附距离($d$)分别为 1.991 Å、2.010 Å、2.195 Å、1.934 Å。气体吸附之后也给体系带来了一定的磁矩,其

中磁矩最大的体系为 TG-Pd-NO,此时的磁矩为 1.91 $\mu_B$。此外,根据图 2-21 所示的差分电荷密度图,可以看出电荷的转移主要发生在 CO 和 NO 气体与掺杂体系的过渡金属之间,这说明过渡金属和气体分子之间存在较强的电荷转移及一定的相互作用。综上所述,基本可以推断出 CO 和 NO 气体在 TG-TM 上的吸附是化学吸附。

表 2-5　吸附体系的形成能($E_f$)、吸附距离($d$)和磁矩($M$)

| 参数 | 体系 | | | | | |
|---|---|---|---|---|---|---|
| | TG-Pd-CO | TG-Pd-NO | G-Pd-CO[19] | TG-Ti-CO | TG-Ti-NO | G-Ti-CO[23] |
| $E_f/eV$ | −1.08 | −1.15 | −1.05 | −0.83 | −1.58 | −0.450 |
| $d/Å$ | 1.991 | 2.010 | 2.030 | 2.195 | 1.934 | 2.230 |
| $M/\mu_B$ | 1.15 | 1.91 | 0.00 | 0.00 | 0.77 | — |

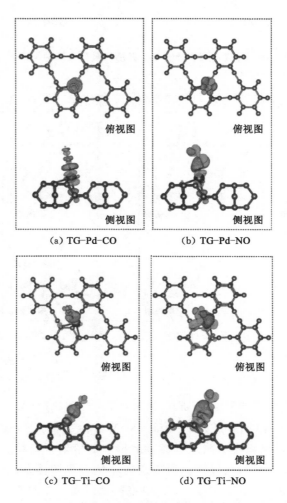

(a) TG-Pd-CO　(b) TG-Pd-NO　(c) TG-Ti-CO　(d) TG-Ti-NO

图 2-21　CO 和 NO 吸附在过渡金属掺杂孪生石墨烯的差分电荷密度图

(等值面对应的值为 0.004 e/Å³)

吸附体系的态密度图如图 2-22 所示,其中 CO 吸附体系中黑色、红色、蓝色和紫色的实线分别表示总的吸附体系、C 原子、过渡金属原子(Pd 或 Ti)以及 O 原子所贡献的态密度,NO 吸附体系中黑色、红色、蓝色、紫色和绿色的实线分别表示总的吸附体系、C 原子、过渡金属原子(Pd 或 Ti)、N 原子以及 O 原子所贡献的态密度。由图可知,TG-Pd-CO 和 TG-Pd-NO 体系保持其金属性质。TG-Pd-CO 体系在 $-0.3 \sim 0$ eV 能量附近自旋向上出现了两个较大的态密度极化峰,该峰主要是由 C 原子所贡献的。TG-Pd-CO 体系在能量为 $-0.3$ eV 附近也出现了尖峰,该处的态密度峰除了由 C 原子提供一部分之外,Pd 原子也贡献了一部分。与未吸附的体系相比,TG-Ti 吸附 CO 和 NO 之后 TG-Ti-CO 和 TG-Ti-NO 体系的间接带隙增加了。并且 TG-Ti-CO 体系在能量为 $-0.5$ eV 和 $-0.2$ eV 附近产生了两个对称的自旋向上和自旋向下态密度极化峰,该峰主要是由 C 原子和 Ti 原子所贡献的。TG-Ti-NO 体系在能量为 $-0.2 \sim -0.5$ eV 附近产生的极化峰是不对称的,从而引起体系产生了部分磁矩。NO 吸附后,由 Ti 原子、C 原子、O 原子所产生的极化峰向费米能级附近移动,因此体系的导电性增加。

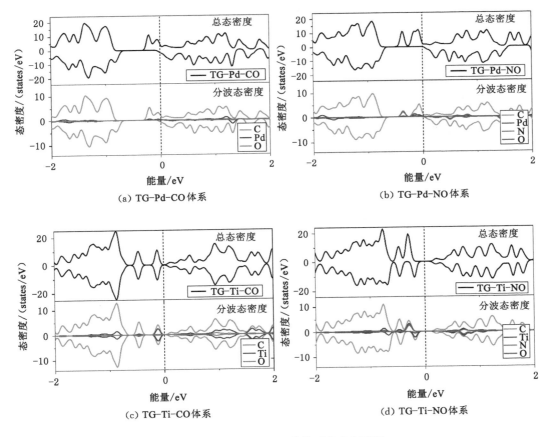

图 2-22 CO 和 NO 吸附体系的态密度图

电场常用于促进气体的吸附或分解。电场作用下 TG-Pd 和 TG-Ti 体系的磁矩和投影能带结构如图 2-23 所示。在 VASP 软件中,通过 LDIPOL 偶极校正引入外部电场,通过设置 DIPOL 参数为 0.5、0.5 和 0.5,将偶极放置在模型结构的质心。电场从 $-2.0$ V/Å 增加到 2.0 V/Å,每次递增 0.5 V/Å。电场沿 $z$ 轴方向为正,垂直于孪生石墨烯平面。无论施加正向电场还是负向电场,吸附能量均随电场强度的增大而减小,这说明电场增强了吸附体系的稳定性。TG-Ti-CO 体系的磁矩随电场的增大而增大,其余三种吸附体系的磁矩随电场的增大呈现先增大后减小的趋势。此外,绘制了不同电场下吸附体系的能带结构图,如图 2-24 所示。由图可知,随着电场的增大,吸附体系的带隙逐渐减小,所有体系都变成金属特性。特别是 TG-Ti-CO 和 TG-Ti-NO 体系在正电场分别为 1.5 V/Å 和 2.0 V/Å 时,在费米能级附近的能带实现了从自旋向上向自旋向下的转换。

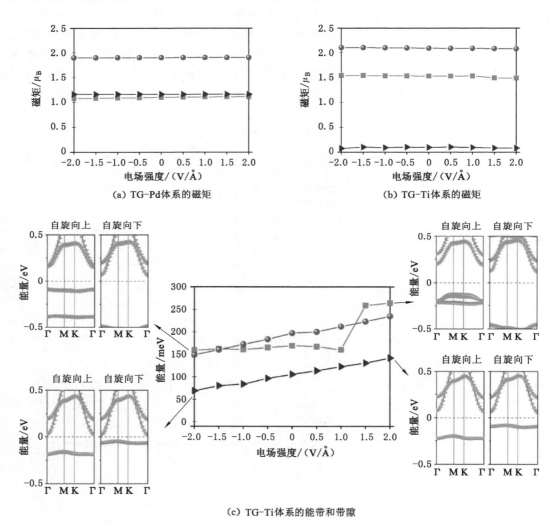

图 2-23　电场作用下 TG-Pd 和 TG-Ti 体系的磁矩和投影能带结构
(红色正方形、蓝色三角形和青色球体分别对应于原始 TG-TM、TG-TM-CO 和 TG-TM-NO 体系;
在投影能带结构中,橙色三角形和绿色球体分别表示投影在 C 原子和 Ti 原子上的能带)

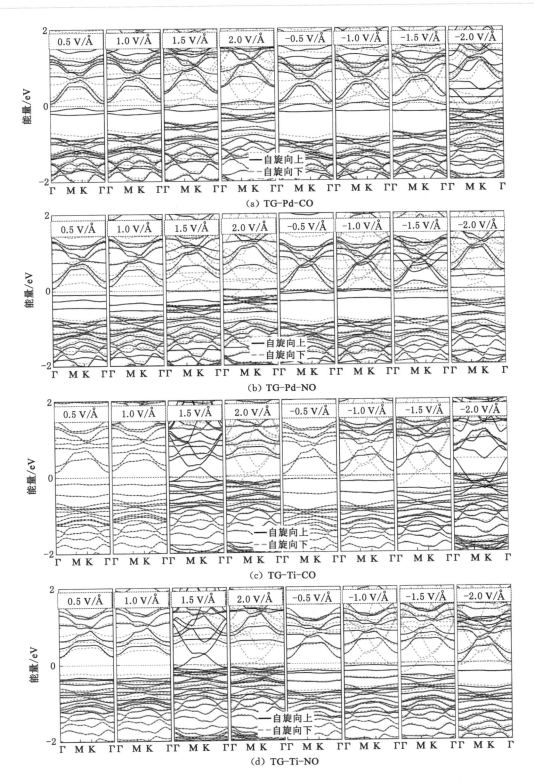

图 2-24 电场作用下吸附 CO/NO 过渡金属掺杂孪生石墨烯体系上的能带结构图

# 2.4 本章小结

本章首先对 AlB、AlN、AlO、SiB、SiN、SiO、PB、PN 和 PO 分别在邻位、间位和对位替代掺杂孪生石墨烯上的两个 C 原子的 27 种构型进行了充分的弛豫,分别计算了它们的形成能,掺杂原子 Al、Si、P、B、N、O 和周围最近 C 原子的键长,磁矩,电荷转移量,差分电荷密度,能带,态密度等电子结构性质。27 种不同的双掺杂构型的形成能均为负值,表明掺杂过程是放热的并且双掺杂体系是稳定的。掺杂原子电荷转移量越多,和周围的 C 原子就形成越稳定的离子键或共价键,从而体系就越稳定。AlB 和 AlN 的双掺杂能够对孪生石墨烯的带隙进行有效调节。AlB-TG-ortho 使原始石墨烯的带隙由直接带隙变为间接带隙。AlO 邻位、间位和对位的掺杂都使孪生石墨烯变为金属特性。AlY 双掺杂在费米能级的极化峰,除了由 C 原子的贡献之外,主要是由 B 原子的 2p 轨道、N 原子的 2p 轨道以及 O 原子的 2p 轨道所贡献的,Al 原子贡献的比较少。SiB、SiN、SiO、PB、PN、PO 和 AlY 掺杂类似,能使体系的带隙在 0.24~0.52 eV 可调,并且发生自旋分裂使体系产生一定的磁性。以 AlB 间位掺杂为例,随着掺杂浓度的增大体系的稳定性也逐渐增强。当掺杂浓度为 5.6% 和 11.1% 时体系所显示出来的磁性要比掺杂浓度为 2.8% 和 8.3% 时所产生的磁性更大,换句话说,当 AlB 掺杂对数为偶数对时能激发体系产生更大的磁矩。当掺杂浓度为 2.8%、5.6%、8.3% 和 11.1% 时体系产生的磁矩分别为 1.01 $\mu_B$、1.24 $\mu_B$、1.09 $\mu_B$ 和 1.86 $\mu_B$。当掺杂对数为奇数对时,体系仍为半导体结构,带隙有所减小。当掺杂浓度为偶数对时,体系为导体结构并显示出金属特性,且在 M 点能带发生了四度简并和二度简并。

过渡金属常被用来掺入二维材料以增强其对气体的吸附作用。所以本章通过用过渡金属 Pd 原子和 Ti 原子替代掺杂孪生石墨烯的一个 C 原子,然后在 Pd 原子和 Ti 原子的顶位对有毒气体 CO 和 NO 进行吸附,并探究了电场对吸附体系的形成能和磁矩以及能带的影响,具体研究结果如下:TG-Ti 体系比 TG-Pd 体系更稳定。对掺杂结构进行完全弛豫之后,Pd 原子与周围 C 原子的键长和 Ti 原子与周围 C 原子的键长类似,都在 2.03 Å 左右,这与单层石墨烯和双层石墨烯掺杂其他过渡金属形成的键长基本一致。在掺杂的过程中过渡金属 Pd 原子和 Ti 原子失去电荷与周围的 C 原子形成稳定的共价键。对比原始孪生石墨烯的能带图,发现 Pd 原子的引入使原来 0.75 eV 的直接带隙消失,在费米能级附近出现了 Pd 原子和 C 原子所贡献的能带,且自旋向上的能带和自旋向下的能带发生劈裂,为体系引入了一定的磁性。Ti 原子的引入使得体系的带隙变小,且由直接带隙变为间接带隙。价带顶的能带主要是由 Ti 原子所贡献的,此时主要是 Ti 原子外层的 4d 电子从价带向导带跃迁引起体系导电。因此,过渡金属 Pd 原子和 Ti 原子的引入使两个掺杂体系的导电性增大,更加有助于对 CO 和 NO 的吸附。对于 CO 的吸附,TG-Pd 体系比 TG-Ti 体系表现出更强的敏感性和稳定性。TG-Ti 体系对 CO 和 NO 吸附之后带隙有所减小。通过探究电场对 4 个吸附体系形成能和磁性的影响可以得出,正向电场和负向电场对形成能和磁矩的作用是相同的。随着电场的增大吸附体系越来越稳定,另外 TG-Ti-CO 吸附体系随电场增大磁矩在逐渐增大,TG-Pd-CO、TG-Pd-NO 和 TG-Ti-NO 吸附体系的磁矩呈现先增大后减小的趋势。从不同电场作用下 4 个吸附体系的能带图中可以看出,电场促进了价带的能带向费米能级附近移动。

# 参考文献

[1] VENKATESHALU S, SUBASHINI G, BHARDWAJ P, et al. Phosphorene, antimonene, silicene and siloxene based novel 2D electrode materials for supercapacitors: a brief review[J]. Journal of energy storage,2022,48:104027.

[2] MAJIDI R,NADAFAN M. Detection of exhaled gas by γ-graphyne and twin-graphene for early diagnosis of lung cancer:a density functional theory study[J]. Physics letters A,2020,384(1):126036.

[3] SALIH E,AYESH A I. Pt-doped armchair graphene nanoribbon as a promising gas sensor for CO and $CO_2$: DFT study[J]. Physica E: low-dimensional systems and nanostructures,2021,125:114418.

[4] ZHANG J,FU R S,SHI Y,et al. Understanding the steric effect of graphene in graphene wrapped silicon suboxides anodes for Li-ion batteries[J]. Journal of power sources,2022,522:231007.

[5] ZHANG H,WANG N,WANG S L,et al. Effect of doping 3d transition metal (Fe,Co, and Ni) on the electronic, magnetic and optical properties of pentagonal $ZnO_2$ monolayer [J]. Physica E: low-dimensional systems and nanostructures, 2020, 117:113806.

[6] DERGAL M,FARAOUN H I,MAHMOUDI A. First principles study on structural, electronic and optical properties of 3d transition metals-substituted $CuGaSe_2$ [J]. Optik,2017,135:346-352.

[7] WEN H L,XIE S J,CUI J T,et al. Optical properties of 3d transition metal ion-doped aluminophosphate glasses[J]. Journal of luminescence,2019,213:263-272.

[8] SARAVANAN A,KUMAR P S,SRINIVASAN S,et al. Insights on synthesis and applications of graphene-based materials in wastewater treatment: a review[J]. Chemosphere,2022,298:134284.

[9] AISWARIA P, NAINA MOHAMED S, SINGARAVELU D L, et al. A review on graphene/graphene oxide supported electrodes for microbial fuel cell applications: challenges and prospects[J]. Chemosphere,2022,296:133983.

[10] DWIVEDI S. Graphene based electrodes for hydrogen fuel cells: a comprehensive review[J]. International journal of hydrogen energy,2022,47(99):41848-41877.

[11] GEIM A K,NOVOSELOV K S. The rise of graphene[J]. Nature materials,2007,6: 183-191.

[12] ZHANG T,SUN H,WANG F D,et al. Adsorption of phosgene molecule on the transition metal-doped graphene: first principles calculations [J]. Applied surface science,2017,425:340-350.

[13] SCHEDIN F, GEIM A K, MOROZOV S V, et al. Detection of individual gas molecules adsorbed on graphene[J]. Nature materials,2007,6:652-655.

［14］ LIAO L,LIN Y C,BAO M Q,et al. High-speed graphene transistors with a self-aligned nanowire gate［J］. Nature,2010,467:305-308.

［15］ WU Y Q,LIN Y M,BOL A A,et al. High-frequency,scaled graphene transistors on diamond-like carbon［J］. Nature,2011,472:74-78.

［16］ DONG S,LV E F,WANG J H,et al. Construction of transition metal-decorated boron doped twin-graphene for hydrogen storage:a theoretical prediction［J］. Fuel,2021, 304:121351.

［17］ DENIS P A,IRIBARNE F. The effect of the dopant nature on the reactivity, interlayer bonding and electronic properties of dual doped bilayer graphene［J］. Physical chemistry chemical physics,2016,18:24693-24703.

［18］ ZHOU B H,ZHOU B L,ZHOU G H. Optimizing the thermoelectric performance of $\gamma$-graphyne nanoribbons via introducing disordered surface fluctuation［J］. Solid state communications,2019,298:113646.

［19］ BHATTACHARYA D,JANA D. Twin T-graphene:a new semiconducting 2D carbon allotrope［J］. Physical chemistry chemical physics,2020,22(18):10286-10294.

［20］ 解忧,张卫涛,曹松,等. 过渡金属原子链对双层石墨烯纳米带的电磁性质的调控［J］. 陕西师范大学学报(自然科学版),2018,46(6):54-60.

［21］ 吴成伟,任雪,周五星,等. 多孔石墨烯纳米带各向异性和超低热导的理论研究［J］. 物理学报,2022,71(2):314-320.

［22］ JIANG J W,LENG J T,LI J X,et al. Twin graphene:a novel two-dimensional semiconducting carbon allotrope［J］. Carbon,2017,118:370-375.

［23］ TANG X P,FANG Y F,WU L. Evaluating the electronic sensitivity of pristine,B,and Si doped graphyne to methanol:DFT study［J］. Solid state sciences,2020,109:106391.

［24］ 吴鲁淑,杨永开,陈军. $MoS_2$ 纳米材料的制备研究进展［J］. 化工技术与开发,2020,49 (7):32-35.

［25］ LI L L,ZHANG H,CHENG X L,et al. First-principles studies on 3d transition metal atom adsorbed twin graphene［J］. Applied surface science,2018,441:647-653.

［26］ MAJIDI R,RABCZUK T. Structural and electronic properties of BN co-doped and BN analogue of twin graphene sheets:a density functional theory study［J］. Journal of physics and chemistry of solids,2019,135:109115.

［27］ MAJIDI R,RAMAZANI A. Detection of HF and $H_2S$ with pristine and Ti-embedded twin graphene:a density functional theory study［J］. Journal of physics and chemistry of solids,2019,132:31-37.

［28］ REZAEE F,YOUSEFI F,KHOEINI F. Heat transfer in strained twin graphene:a non-equilibrium molecular dynamics simulation［J］. Physica A:statistical mechanics and its applications,2021,564:125542.

［29］ PENG Y N,YU J F,CAO X H,et al. An efficient mechanism for enhancing the thermoelectricity of twin graphene nanoribbons by introducing defects［J］. Physica E: low-dimensional systems and nanostructures,2020,122:114160.

[30] CHEN X K,CHEN K Q. Thermal transport of carbon nanomaterials[J]. Journal of physics：condensed matter,2020,32(15)：153002.

[31] FAN Z Q,ZHANG Z H,YANG S Y. High-performance 5. 1 nm in-plane Janus WSeTe Schottky barrier field effect transistors [J]. Nanoscale, 2020, 12 (42)： 21750-21756.

[32] CUI X Q,FAN Z Q,NIE L Y,et al. Controlling the electronic transport property of a molecular organic device by the heavy metal atomic manipulation[J]. Physica E：low-dimensional systems and nanostructures,2020,116：113732.

[33] LIU Y Y,LI B L,CHEN S Z,et al. Effect of room temperature lattice vibration on the electron transport in graphene nanoribbons[J]. Applied physics letters,2017,111 (13)：133107.

[34] VAN THANH V,VAN N D,VAN TRUONG D,et al. First-principles study of mechanical,electronic and optical properties of Janus structure in transition metal dichalcogenides[J]. Applied surface science,2020,526：146730.

[35] WU M K,YAO X L,HAO Y,et al. Electronic structures,magnetic properties and band alignments of 3d transition metal atoms doped monolayer $MoS_2$ [J]. Physics letters A,2018,382(2/3)：111-115.

[36] ZHAO Y F, NING J A, HU X Y, et al. Adjustable electronic, optical and photocatalytic properties of black phosphorene by nonmetal doping[J]. Applied surface science,2020,505：144488.

[37] XIE Y,CAO S,WU X,et al. Density functional theory study of hydrogen sulfide adsorption onto transition metal-doped bilayer graphene using external electric fields [J]. Physica E：low-dimensional systems and nanostructures,2020,124：114252.

[38] ZHANG X Y,ZHAO X L,LIU Y J. Ab initio study of structural,electronic,and magnetic properties of transition metal atoms intercalated AA-stacked bilayer graphene[J]. The journal of physical chemistry C,2016,120(39)：22710-22717.

[39] MILLER J R,OUTLAW R A,HOLLOWAY B C. Graphene double-layer capacitor with ac line-filtering performance[J]. Science,2010,329(5999)：1637-1639.

[40] ZHANG X Y,XU W X,DAI J P,et al. Role of embedded 3d transition metal atoms on the electronic and magnetic properties of defective bilayer graphene[J]. Carbon, 2017,118：376-383.

[41] LI T,TANG X Q,LIU Z,et al. Effect of intrinsic defects on electronic structure of bilayer graphene：first-principles calculations[J]. Physica E：low-dimensional systems and nanostructures,2011,43(9)：1597-1601.

[42] SHUAI Y,RAFIQUE M,MOAZAM BALOCH M,et al. DFT study on tailoring the structural,electronic and optical properties of bilayer graphene through metalloids intercalation[J]. Chemical physics,2020,536：110828.

[43] LI S Y,SHEN Y H,NI D Y,et al. A new 3D metallic carbon allotrope composed of penta-graphene nanoribbons as a high-performance anode material for sodium-ion

batteries[J]. Journal of materials chemistry A,2021,9(40):23214-23222.

[44] DAI X S,SHEN T,FENG Y,et al. Structure,electronic and optical properties of Al,Si,P doped penta-graphene:a first-principles study[J]. Physica B:condensed matter,2019,574:411660.

[45] MAJIDI R,RAMAZANI A,RABCZUK T. Electronic properties of transition metal embedded twin T-graphene:a density functional theory study[J]. Physica E:low-dimensional systems and nanostructures,2021,133:114806.

[46] DENIS P A,PEREYRA HUELMO C. Structural characterization and chemical reactivity of dual doped graphene[J]. Carbon,2015,87:106-115.

[47] KRESSE G,FURTHMÜLLER J. Efficient iterative schemes for ab initio total-energy calculations using a plane-wave basis set[J]. Physical review B,1996,54(16):11169-11186.

[48] KRESSE G, JOUBERT D. From ultrasoft pseudopotentials to the projector augmented-wave method[J]. Physical review B,1999,59(3):1758-1775.

[49] PERDEW J P,BURKE K,ERNZERHOF M. Generalized gradient approximation made simple[J]. Physical review letters,1996,77(18):3865-3868.

[50] BUČKO T,HAFNER J,LEBÈGUE S,et al. Improved description of the structure of molecular and layered crystals:ab initio DFT calculations with van der Waals corrections[J]. The journal of physical chemistry A,2010,114(43):11814-11824.

[51] MONKHORST H J,PACK J D. Special points for Brillouin-zone integrations[J]. Physical review B,1976,13(12):5188-5192.

[52] HENKELMAN G,ARNALDSSON A,JÓNSSON H. A fast and robust algorithm for Bader decomposition of charge density[J]. Computational materials science,2006,36(3):354-360.

[53] SANVILLE E,KENNY S D,SMITH R,et al. Improved grid-based algorithm for Bader charge allocation[J]. Journal of computational chemistry,2007,28(5):899-908.

[54] XIE Y,HUO Y P,ZHANG J M. First-principles study of CO and NO adsorption on transition metals doped (8,0) boron nitride nanotube[J]. Applied surface science,2012,258(17):6391-6397.

[55] DOU H R,YANG B W,HU X F,et al. Adsorption and sensing performance of CO,NO and $O_2$ gas on Janus structure WSTe monolayer[J]. Computational and theoretical chemistry,2021,1195:113089.

[56] YE X H,QI M,YANG H Y,et al. Selective sensing and mechanism of patterned graphene-based sensors:experiments and DFT calculations[J]. Chemical engineering science,2022,247:117017.

[57] GALSTYAN V,MOUMEN A,KUMARAGE G W C,et al. Progress towards chemical gas sensors:nanowires and 2D semiconductors[J]. Sensors and actuators B:chemical,2022,357:131466.

[58] PIRAS A, EHLERT C, GRYN'OVA G. Sensing and sensitivity: computational chemistry of graphene-based sensors[J]. WIREs computational molecular science, 2021,11(5):e1526.

[59] GOSWAMI P, GUPTA G. Recent progress of flexible $NO_2$ and $NH_3$ gas sensors based on transition metal dichalcogenides for room temperature sensing[J]. Materials today chemistry,2022,23:100726.

[60] LI Q T, ZENG W, LI Y Q. Metal oxide gas sensors for detecting $NO_2$ in industrial exhaust gas: recent developments [J]. Sensors and actuators B: chemical, 2022, 359:131579.

[61] AYESH A I, ALGHAMDI S A, SALAH B, et al. High sensitivity $H_2S$ gas sensors using lead halide perovskite nanoparticles[J]. Results in physics,2022,35:105333.

[62] NI J M, QUINTANA M, SONG S X. Adsorption of small gas molecules on transition metal (Fe, Ni and Co, Cu) doped graphene: a systematic DFT study[J]. Physica E: low-dimensional systems and nanostructures,2020,116:113768.

[63] PROMTHONG N, TABTIMSAI C, RAKRAI W, et al. Transition metal-doped graphene nanoflakes for CO and $CO_2$ storage and sensing applications: a DFT study [J]. Structural chemistry,2020,31(6):2237-2247.

[64] TANG Y N, ZHANG H Q, CHEN W G, et al. Modulating geometric, electronic, gas sensing and catalytic properties of single-atom Pd supported on divacancy and N-doped graphene sheets[J]. Applied surface science,2020,508:145245.

[65] HUANG L J, MIAO S S, WANG X C, et al. DFT study of gas adsorbing and electronic properties of unsaturated nanoporous graphene[J]. Molecular simulation, 2020,46(11):853-863.

[66] GAO X, ZHOU Q, WANG J X, et al. Adsorption of $SO_2$ molecule on Ni-doped and Pd-doped graphene based on first-principle study[J]. Applied surface science,2020, 517:146180.

[67] DEMIR S, FELLAH M F. A DFT study on Pt doped (4,0) SWCNT:CO adsorption and sensing[J]. Applied surface science,2020,504:144141.

[68] WANG N, YANG S L, LAN Z G, et al. A DFT study of the selective adsorption of $XO_2$ (X = C, S or N) on Ta-doped graphene [J]. Computational and theoretical chemistry,2020,1190:113003.

[69] YANG S L, LEI G, XU H X, et al. A DFT study of CO adsorption on the pristine, defective, In-doped and Sb-doped graphene and the effect of applied electric field[J]. Applied surface science,2019,480:205-211.

[70] ZHANG C P, LI B, SHAO Z G. First-principle investigation of CO and $CO_2$ adsorption on Fe-doped penta-graphene [J]. Applied surface science, 2019, 469: 641-646.

[71] ZHENG Y P, LI E L, LIU C, et al. Adsorbed of toxic gas molecules (CO, $H_2S$, and NO) on alkali-metal-doped g-GaN monolayer[J]. Journal of physics and chemistry of

solids,2021,152:109857.

[72] ZHOU Q X,SU X Y,JU W W,et al. Adsorption of H$_2$S on graphane decorated with Fe,Co and Cu:a DFT study[J]. RSC advances,2017,7(50):31457-31465.

[73] ZITOUNE H,ADESSI C,BENCHALLAL L,et al. Quantum transport properties of gas molecules adsorbed on Fe doped armchair graphene nanoribbons:a first principle study[J]. Journal of physics and chemistry of solids,2021,153:109996.

[74] 董博方,苏宇峰,吴东洋,等.气体分子在类石墨烯材料负载单个金属原子表面的吸附特性[J].原子与分子物理学报,2022,39(1):6-12.

[75] SHUKRI M S M,SAIMIN M N S,YAAKOB M K,et al. Structural and electronic properties of CO and NO gas molecules on Pd-doped vacancy graphene:a first principles study[J]. Applied surface science,2019,494:817-828.

[76] HE J J,MA S Y,ZHOU P,et al. Magnetic properties of single transition-metal atom absorbed graphdiyne and graphyne sheet from DFT＋U calculations[J]. The journal of physical chemistry C,2012,116(50):26313-26321.

# 3 孪生 T 石墨烯的电子性质及其钾离子电池性能

## 3.1 孪生 T 石墨烯的物理性质及研究进展

随着社会的高速发展，人们更加追求精度高、体积小、集成度高的电子器件，二维碳材料由于其特殊的几何结构，成为制备满足这种要求的电子器件的理想选择。因此，越来越多的科研人员投入到二维碳材料的研究热潮中。石墨烯的发现是二维碳材料发展史上的里程碑。石墨烯极高的化学稳定性、导热率、比表面积以及载流子迁移率使得它被广泛应用到航空航天、海水淡化、晶体管、传感器等领域[1-4]。尽管石墨烯优点诸多，应用广泛，但是并非完美材料，其禁带宽度为零成为它在电子工业领域中进一步发展的绊脚石[5-6]。为了应对这一亟待解决的问题，人们通过掺杂、引入周期性缺陷、施加外场等方式来调控石墨烯的带隙。同时，寻找其他具有二维结构的新型碳的同素异形体也成为人们的研究热点。许多新型二维碳的同素异形体已被研究发现，如孪生石墨烯[7]、孪生 T 石墨烯[8]、γ 石墨炔[9]、双层石墨烯[10] 等。这些碳的同素异形体在保持二维几何结构，以及石墨烯其他优异性质的同时，还具备直接带隙或间接带隙。尤其是孪生 T 石墨烯和孪生石墨烯，它们是具有多层碳原子结构的二维材料，相比单层碳原子材料具有更大的性能调控空间。因此，研究这些二维碳的同素异形体对拓宽半导体材料在电子工业领域的应用具有重要意义，可以为未来纳米电子器件的发展提供更多的可能性。

孪生 T 石墨烯(twin T-graphene，TTG)是一种具有三层原子结构的二维碳同素异形体，属于空间群 $P12/m1$，具有两种不同类型的碳原子，即 C1 和 C2[8]。C1 原子在 TTG 中形成上下两个四方环，C2 原子位于两个四方环平面之间并连接两个四方环，所有的 C 原子都是 sp$^2$ 杂化。图 3-1 显示了优化后的 TTG 单胞、$2\times2\times1$ 超胞的结构和电子能带结构。优化后的 TTG 单胞晶格常数为 5.493 Å，两个四方环 C1 层之间相隔 2.102 Å。C1—C1 键长为 1.470 Å，C1—C2 键长为 1.479 Å，C2—C2 键长为 1.333 Å。C1—C1—C1、C1—C2—C1、C1—C2—C2 和 C1—C1—C2 的键角分别为 90.00°、90.54°、134.73°和 119.85°。TTG 是一种具有弹性各向同性的相对较软的材料，其泊松比为 −0.001 4，弹性常数为 177.25 N/m，高于石墨块的弹性常数(122 N/m)、磷烯的弹性常数(92 N/m)、硅烯的弹性常数(61 N/m)、锗烯的弹性常数(43 N/m)和过渡金属二卤化物的弹性常数，但低于硼腈的弹性常数(270 N/m)和石墨烯的弹性常数(340 N/m)。TTG 具有非磁性和半导体性质，其带隙在 1.79 eV 左右，与单层 $MoS_2$ 的带隙(1.80～1.90 eV)较为接近，且比孪生石墨烯的带隙(0.75 eV)和 γ 石墨炔的带隙(0.43 eV)大得多[9,11-13]。众所周知,适合进行光电化学水分解的材料带隙一般在 1.6~2.2 eV 之间。因此,TTG 可能也具备较好的光催化活性。TTG 在 $x$ 和 $y$ 方向上电子的有效质量基本相同,而 $y$ 方向上空穴的有效质量是 $x$ 方向上的 2.26 倍。另外,TTG 在 $x$ 和 $y$ 方向上电子迁移率几乎相同,约为 375 $cm^2/(V \cdot s)$。当 N 原子在 TTG 的四方环上单掺后,其电子性质发生剧烈变化,表现为双极磁性半导体,是一种潜在的自旋电子材料。TTG 的光学性质研究清楚地表明,其光学带隙为 1.89 eV,并且在可见光范围内表现出明显的光学响应。以上这些特性表明,该材料具有潜在的光催化活性,是应用于场效应晶体管的理想材料。

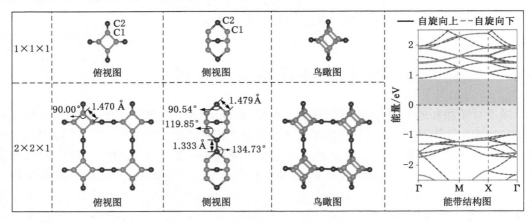

图 3-1　TTG 的几何结构及其能带结构

Majidi 等[11]研究了 3d 过渡金属(transition metal,TM)嵌入 TTG 的结构和电子性质,结果表明当吸附能最小时,Sc、Ti、V、Cr、Mn、Fe 原子位于 H1 位,Co、Ni、Cu、Zn 原子位于 B3 和 H2 位之间。所有 TM 原子都属于 n 型掺杂,并能够强烈地吸附在 TTG 薄片上。TTG 的电子性质受到 TM 原子吸附的调节,经过 TM 修饰的 TTG 根据 TM 原子的种类和浓度表现出不同的电子性质。当吸附 Sc、Ti、V、Cr 和 Zn 原子时,TTG 依然是半导体;当吸附 Mn、Cu 和 Ni 原子时,TTG 表现为金属性质;而吸附 Fe 和 Co 原子后,TTG 为双极磁性半导体。其中,经过 3d TM 原子吸附后依然具有半导体性质的体系的能带隙随着 TM 原子浓度的增加而减小,并且在高浓度 Sc 和 Cr 原子的掺杂下,具有半导体性质的掺杂体系转变为金属材料。这一结果表明,TM 嵌入 TTG 在未来的电子自旋器件领域中具有很好的应用潜力。

Majidi 等[14]还研究了 TTG 作为 Na 离子电池负极材料的潜在特性。为了评价 TTG 作为 Na 离子电池负极材料的适用性,他们通过第一性原理计算方法研究了材料的吸附能、扩散势垒和最大存储容量。研究发现,Na 离子在 TTG 薄片上的吸附是放热过程。从头计算分子动力学模拟结果表明,吸附 Na 离子的 TTG 具有良好的热稳定性,Na 离子在 TTG 表面不会发生聚簇现象。与石墨烯和其他二维碳的同素异形体相比,TTG 具有较高的 Na 离子理论容量,为 2 231 mA · h/g,它与 T 石墨烯的 Na 离子理论容量(2 357 mA · h/g)相当,并高于先前研究的其他二维材料的 Na 离子理论容量。并且 Na 离子在 TTG 上的扩散能垒较小,保证了 TTG 作为负极材料的快速充电和放电。在吸附过程中他们观察到了 Na

离子在阳极材料上扩散的重要条件,即半导体性质和金属性质之间的转变。同时,TTG 的开路电压远低于 1.5 V,这表明它是一种具有潜力的钠离子电池负极材料。

Chen 等[15]系统研究了 TTG、氮(N)掺杂 TTG 和硼(B)掺杂 TTG 在可操作热力学条件下的储氢性能。研究表明在本征 TTG 上可以吸附 6 个氢分子,储氢容量为 7.69%。经 N 掺杂和 B 掺杂后,TTG 均能吸附 8 个氢分子,储氢容量分别提高到 9.88% 和 10.06%。此外,他们还预测了氢解吸温度为 241 K。实际条件下的氢的解吸温度和解吸量进一步表明,TTG 可以作为可逆储氢介质。他们的研究表明,TTG、掺杂 N 的 TTG 和掺杂 B 的 TTG 均具有良好的氢解吸温度、理想的吸附能和较高的储氢能力,是一种很有前途的储氢材料。

关于 TTG 理化性质调控的国内外研究报道非常少,分别是 3d 过渡金属吸附 TTG 的几何结构和电子性质的研究,以及 TTG 作为钠离子电池阳极材料的潜在特性的研究和本征 TTG 及掺杂 B 和 N 的 TTG 的储氢性能的研究。这意味着 TTG 还有很大的研究空间,需要进一步探索,比如非金属原子掺杂调控 TTG 的电子性质和光学性质的研究,TTG 作为其他碱金属离子电池负极材料的研究等。因此,本章选择 TTG 作为研究对象之一,对其物理性质进行了进一步的调控和研究。

孪生石墨烯(twin graphene,TG)是一种新型二维碳的同素异形体材料[7]。TG 的空间群为 $P6/mmm$,具有三层碳原子结构,体系中的 C 原子可以分为两种不同的类型,分别记为 C1、C2。C1 原子用来构成 TG 中的六方碳环,C2 原子则是连接六方碳环的"桥梁"。TG 是非磁性半导体,其带隙(1.0 eV)与应用最为广泛的半导体硅(Si)的固有带隙(1.17 eV)非常接近,其带隙可由面内应变进行有效调节,这意味着 TG 也有制备为优秀半导体器件的潜力。同时,TG 还拥有较好的机械性能,其面内刚度和剪切刚度分别为 172 N/m、65 N/m。TG 所展现的出色的电子性质以及力学性能都表明它在纳米技术领域的发展中可能具有至关重要的作用。

已有诸多报道表明,通过掺杂、吸附、构建纳米带等方式可以对 TG 的物理性质进行改良[3,12,16-24],以扩展 TG 在纳米电子器件领域的应用。其中掺杂和吸附是用于改性 TG 最多的方法。Li 等[16]用 3d 过渡金属(3d TM)吸附 TG,发现单个 3d TM 原子的吸附可以有效调节 TG 的磁性以及电子性质。V、Cr、Mn、Fe 和 Co 的吸附引起了 TG 的自旋分裂,V、Sc、Cr、Mn、Co 和 Cu 的吸附可以使 TG 由半导体性质转变为半金属、金属性质。Dong 等[17]使用 Ti 原子修饰和 B 原子掺杂的 TG 作为储氢材料,证明了体系的结构稳定性和氢吸附强度与 B 原子的掺杂浓度有关。Majidi 等[18]证明 TG 材料可以感知有毒气体 HF 和 $H_2S$,并且用 Ti 原子对 TG 修饰可以有效增强 TG 对有毒气体的吸附强度。Chen 等[19]研究了 CO 和 NO 分子在过渡金属 Pd、Ti 修饰的 TG 上的吸附。研究结果表明,在 Pd 修饰 TG 的体系上,NO 吸附与 CO 吸附相比表现出更好的磁响应。而 Ti 修饰 TG 的体系则对 CO 气体的吸附更敏感,并且在电场的作用下,Ti 修饰 TG 基底材料的 CO 检测中,其电敏性得到了明显的提高。这说明 TG 作为一种传感器,通过磁、电信号的可操作转换,在检测有毒气体方面具有潜在的应用前景。此外,Majidi 等[20]还用 B、N 对 TG 进行掺杂,研究发现由于 BN 对的强离子性,增大 BN 对的掺杂浓度可以增大 TG 的带隙。同样对 TG 进行双掺杂研究的还有 Deb 等[21]和 Yu 等[12],他们分别利用 BX(X=N,P)双掺和 AlY(Y=B,N,O)双掺 TG,并利用掺杂位置和掺杂浓度对 TG 的磁性、电子和光学性质进行了有效调节。

除了以上提到的关于 TG 掺杂吸附的研究,Liu 等[22]用 TG 与 g-C₃N₄、h-BN 搭建异质结,研究了异质结的近边缘电子结构和载流子迁移率,研究发现,TG 与 g-C₃N₄ 的异质结保持了交错的Ⅱ型排列,而 TG 与 h-BN 的异质结则表现为Ⅰ型排列。在外加电场的作用下,TG 与 g-C₃N₄ 的异质结构可以发生电子性质的转变。同时,g-C₃N₄ 衬底对增强 TG 的载流子迁移率有更显著的作用,尤其是沿之字形方向的电子迁移率高达 1 751 cm²/(V·s)。Peng 等[23]构造了扶手椅形和锯齿形 TG 纳米带,并研究了 TG 纳米带热电性能以及缺陷对其热电性能的影响,结果表明,扶手椅形 TG 纳米带的功率因子较大,其热电性能优于锯齿形 TG 纳米带的热电性能。Li 等[24]通过基于反应力场的分子动力学模拟,探讨了 TG 的热稳定性,结果表明,在 TG 完全转变为无定型石墨烯之前,TG 的初始结构演化表现出独特的行为,在 1 500 K 到 1 700 K 之间形成由无定型石墨烯、碳原子链和复杂结构组成的中间相。并且他们在中间相中观察到一种比本征 TG 更稳定的新型孪生结构,称为 v-孪生石墨烯(v-twin graphene)。Deb 等[25]设计了一种双层 TG 基纳米电容器,研究发现双层 TG 基纳米电容器的能量和电荷存储能力优于其他二维碳同素异形体纳米电容器的能量和电荷存储能力。Dua 等[26]研究了以 Na 为插层离子的 TG 基负极材料在可充电离子电池中的应用,研究发现 Na 吸附 TG 的理论容量为 496.2 mA·h/g,同时 TG 具有较低的扩散势垒以及较好的扩散率,这说明 TG 可以很好地用作 Na 离子充电电池负极材料。以上研究均表明 TG 有应用于光伏器件、医疗设备、传感器等领域的巨大潜力。

# 3.2　硼、磷双掺杂孪生 T 石墨烯的电子和光学性质研究

孪生 T 石墨烯(TTG)是一种新型二维碳的同素异形体,具有三层碳原子结构,并且表现为 sp² 杂化的 4～16 元环结构,其中两个四方环由四个碳原子拼接在一起[8]。二维材料 TTG 在室温下具有良好的热稳定性,即使在 2 000 K 高温下也不会改变其键合模式。TTG 材料是一种本征非磁性半导体,其带隙在 1.79 eV 左右,远远大于孪生石墨烯和单层石墨烯的带隙[1,7]。此外,TTG 的弹性常数约为 177 N/m,载流子迁移率约为 375 cm²/(V·s),这使得 TTG 材料适用于柔性电子和光电子器件,如场效应晶体管和太阳电池。

Bhattacharya 等[8]研究认为 N 掺杂的 TTG 是一种具有自旋劈裂和 1.15 eV 带隙的双极磁性半导体,在自旋电子学器件中具有良好的应用潜力。Majidi 等[11]系统地研究了 3d 过渡金属掺杂 TTG 的电子结构。他们发现不同种类和浓度的 TM 原子掺杂会为 TTG 带来不同的电子性质。TTG 在 Sc、Ti、V、Cr 和 Zn 掺杂时表现出半导体行为,在 Mn、Cu 和 Ni 掺杂时表现出金属行为,在 Fe 和 Co 掺杂时表现出双极磁性半导体行为。对于 TM 掺杂的 TTG 体系来说,禁带宽度随 TM 原子掺杂浓度的增加而减小。这些结果表明,本征 TTG 和过渡金属原子掺杂的 TTG 都可以应用于电子和自旋器件。然而,尚未有研究报道过掺杂 TTG 及其相应的光学性质,因此,探索 TTG 在光学器件中是否存在潜在的应用前景是非常重要的。

掺杂可以改变二维材料的磁性、电子、输运和光学性质,尤其对于石墨烯及其他碳的同素异形体来说,具有较好的改性作用[13-21,25-31]。在实际应用中,由于较强的热力学驱动力,单原子掺杂二维材料时往往形成团簇。因此,很难实现对二维材料的单原子掺杂,双掺杂石墨烯比单掺杂石墨烯更容易实现[32]。此外,与单元素掺杂相比,碳材料多元素掺杂更有利

于改善材料的物理和化学性能。因此,不同元素共掺杂是调节石墨烯电子结构、输运和催化性能的有效途径[33-43]。Denis 等[36]证实,相比起 2p 元素(B,N,O)和 3p 元素(Al,Si,P,S)对石墨烯的单掺杂,多元素双掺杂更容易实现。当 Li 原子吸附在杂质原子(X)单掺和(XY)双掺的石墨烯(X=Al,Si,P 和 S,Y=B,N 和 O)上时[43],双掺杂是调节 Li 与石墨烯之间相互作用的一种更好的策略。许多双掺杂实验已经被报道。Wang 等[44]设计了两种简单的方法,合成了独特的 N、P 和 N、S 双掺杂的 Mo₂C/C 杂化电催化剂作为高活性析氢反应催化剂。Li 等[45]合成了 Bi 和 S 以不同掺杂比例共掺杂的 ZnO 的样品。Zhang 等[46]通过实验研究了 N、S 共掺杂 V₂CTₓ MXene 的 Li 离子存储机制。在以往共掺杂策略成功改性二维材料的基础上,进一步探索共掺杂 TTG 体系的性能,特别是探索 TTG 与非金属元素共掺杂的性能至关重要。

在此,我们系统地研究和分析了不同掺杂浓度与掺杂位置下非金属原子(B,P)共掺杂 TTG 体系的结构的热力学稳定性以及光电性质。用 P 原子取代 C 原子可以有效优化碳基材料的电子结构[44]。同时,2p B 的掺杂可以将 3p P 引起的本征 TTG 结构畸变降低。虽然很难控制不同原子在特定位置的掺杂,但在以往的研究中已经通过实验实现了这种控制。Zhao 等[47]用改进的热解方法,通过提供连续掺杂源成功制备了 N(2p 元素)和 S(3p 元素)共掺杂少层氧化石墨烯催化剂。由于 N 原子在石墨烯中的掺杂位置可控,所以 N 和 S 原子的掺杂位置得到了很好的控制。Liang 等[48]用 Mg 在 $Fd3m$ 结构的四面体(8a)和八面体(16c)位点上进行了选择性掺杂。这种位点选择性掺杂不仅抑制了 LiNi₀.₅Mn₁.₅O₄ 的结构变形,而且避免了两相反应的不利影响,也减缓了循环过程中 Mn 的溶解。这些成功的实验表明,制备 B、P 共掺杂 TTG 是可行的,并且在制备过程中可以控制 B、P 原子的掺杂位置。此外,全面了解非金属原子共掺杂 TTG 的性质,充分利用共掺杂浓度调节光学性质,可以促进基于 TTG 材料的新型光电器件的设计和开发。

## 3.2.1　计算方法、几何结构和稳定性

所有的第一性原理计算均是在材料模拟软件 VASP 中完成的[49]。同时,为了保证计算结果的准确性,采用高精度投影扩充波方法考虑电子-离子相互作用[50]。同时,为了能够得到正确的系统基态,使用广义梯度近似下的 PBE 泛函理论研究了电子交换相关作用[51]。为了正确描述范德瓦耳斯相互作用的影响,采用了 Grimme 的 DFT-D3 方案[52]。为了避免相邻单元之间的相互作用,在垂直于模型平面设置了一个 16 Å 的真空区域。平面波基的截断能设置为 450 eV。为了优化模型系统的几何结构并计算其电子结构和光学特性,采用 Monkhorst-Pack 方法生成了布里渊区的 $6×6×1$ $k$ 点采样网格点[53]。对于所有弛豫后的几何结构,每个原子能量和力分别收敛到 $10^{-4}$ eV 和 0.01 eV/Å。为确定模型结构的热力学稳定性,将形成能(单位 eV)定义为:

$$E_{\mathrm{f}} = (E_{\mathrm{TTG/BP}} + n\mu_{\mathrm{CC}} - E_{\mathrm{TTG}} - n\mu_{\mathrm{BP}})/N \tag{3-1}$$

其中,$E_{\mathrm{TTG/BP}}$ 和 $E_{\mathrm{TTG}}$ 分别为 BP 共掺杂 TTG 和本征 TTG 的总能量(单位 eV),$N$ 和 $n$ 分别为超胞中的原子总数和被 BP 对取代的 CC 对的数量,$\mu_{\mathrm{CC}}$ 和 $\mu_{\mathrm{BP}}$ 分别为由石墨烯单层和 h-BP 单层计算出的 CC 对和 BP 对的化学势(单位 J/mol)。电荷转移采用巴德电荷分析定量计算[54-55]。

本研究将非金属 B 原子和 P 原子共掺杂到 TTG(TTG/BP)中。首先,考虑在 TTG 的

1×1×1 单胞中的不同掺杂位置上共掺杂 B 和 P(BP)原子,研究了掺杂一个 B 和一个 P 的 TTG 的结构,即(BP)$_1$C$_{46}$。用 B 和 P 原子取代 TTG 中的两个 C1 原子,或两个 C2 原子,或一个 C1 原子和一个 C2 原子,共考虑了 13 种不同的构型,涵盖了 1×1×1 单胞中所有可能的 B 和 P 掺杂位置。优化后的(BP)$_1$C$_{46}$材料的掺杂构型及其对应的形成能如图 3-2 所示。当 P 原子取代 C2 原子时(图 3-2 中 f、h、j、l、m),BP 共掺杂 TTG 体系的形成能为正,说明共掺杂体系结构不稳定。其余共掺杂体系的形成能均为负,说明掺杂过程为放热过程,且掺杂体系具有热力学稳定性。这可能是因为 P 原子的半径(1.10 Å)比 C 原子的半径(0.77 Å)和 B 原子的半径(0.82 Å)大。用 P 原子代替连接两个四方环的充当桥梁的 C2 原子,破坏了结构的稳定性和周期性。此外,从图 3-2 中可以观察到,掺杂构型 a、b、c、d、e 的形成能较低,它们之间只有轻微的差异,表明这些掺杂体系很有可能通过实验制备得到。研究表明,无论是单层碳同素异形体还是多层碳同素异形体,掺杂剂一般都选择在同一碳原子层上掺杂[12,34-35]。因此,我们只进一步研究了在同一原子层中替换两个 C1 原子的情况,即图 3-2 所示的掺杂构型 a、b,这两种模型在未来的实验中更容易被制备。

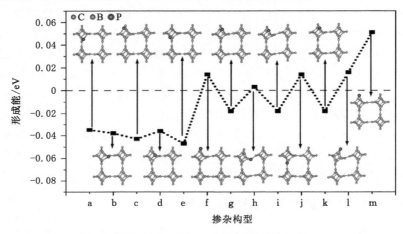

图 3-2　不同掺杂体系(TTG/BP)及其对应的形成能

在 2×2×1 TTG 超胞中考虑不同的掺杂浓度,如图 3-3 所示,用 B、P 掺杂取代位于四方环 C1 层上对位(para)和邻位(ortho)的两个 C1 原子,这些掺杂体系分别记为 TTG/BP-para 和 TTG/BP-ortho 体系。对于不同掺杂浓度,考虑到晶格结构的周期性,在扩大的 2×2×1 超胞的一个单胞中考虑 BP 共掺杂,并没有讨论 2×2×1 超胞的不同单胞之间的 B、P 共掺杂,因为这种共掺杂构型相当复杂,难以描述。不同掺杂浓度的 TTG/BP 体系分别为 TTG/BP-para-4.2%、TTG/BP-para-8.3%、TTG/BP-para-12.5%、TTG/BP-para-16.7% 以及 TTG/BP-ortho-4.2%、TTG/BP-ortho-8.3%、TTG/BP-ortho-12.5%、TTG/BP-ortho-16.7% 体系。TTG 共掺杂体系的形成能($E_f$)和带隙如表 3-1 所列。从表中可以看出所有 B、P 掺杂 TTG 的过程中产生的形成能均为负值,这表明 B、P 掺杂 TTG 时放出热量,掺杂体系具有热力学稳定性。对表 3-1 中数据的分析表明,对于具有相同掺杂位置的掺杂体系,形成能随掺杂浓度的增加而降低,TTG/BP-para 或 TTG/BP-ortho 体系的稳定性也随掺杂浓度的增加而增加,即 TTG/BP 体系的对称性随掺杂浓度的增加而增加。因此,4 对 BP 原子掺杂 TTG 体系是最稳定的。

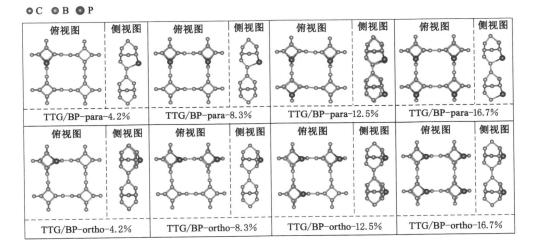

●C ●B ●P

图 3-3 不同掺杂浓度的 B 和 P 共掺杂在 2×2×1 TTG 超胞的对位(TTG/BP-para)
和邻位(TTG/BP-ortho)的俯视图和侧视图

表 3-1 TTG 共掺杂体系的形成能($E_f$)和带隙

| 位 置 | 掺杂浓度/% | $E_f$/eV | 带隙/eV |
|---|---|---|---|
| para | 4.2 | −0.035 | 1.28 |
| | 8.3 | −0.069 | 1.12 |
| | 12.5 | −0.100 | 1.00 |
| | 16.7 | −0.131 | 0.98 |
| ortho | 4.2 | −0.038 | 1.04 |
| | 8.3 | −0.075 | 0.86 |
| | 12.5 | −0.112 | 0.80 |
| | 16.7 | −0.148 | 0.70 |

在相同掺杂浓度、不同掺杂位置时,TTG/BP-para 体系的形成能绝对值低于 TTG/BP-ortho 体系的形成能绝对值,即邻位掺杂比对位掺杂更稳定。这可以用原子间的轨道杂化来解释。B、C 和 P 原子的价电子构型分别为 $2s^2 2p^1$、$2s^2 2p^2$ 和 $3s^2 3p^3$。当 B($2s^2 2p^1$)和 P($3s^2 3p^3$)原子在四方环 C1 层的邻位取代两个 C1 原子时,B($2s^2 2p^1$)和 P($3s^2 3p^3$)的 2p 轨道比 C($2s^2 2p^2$)的 2p 轨道有更多的未配对价电子,导致 B 和 P 的 2p 轨道与 C 的 2p 轨道之间的杂化更大,相互作用更强。

## 3.2.2 电子性质

电子局域函数(electron localization function,ELF)图可以用于表示 TTG 共掺杂体系中的电子局域化分布,如图 3-4(a)所示。ELF 值越大,电子定域性越强;ELF 值越小,离域性越强。由图可以观察到,在掺杂体系中所有的 C—C 键共享相邻原子的价电子,表现出共价键的特征。B、P 共掺杂时,B、P 原子与周围 C 原子之间的电子局域化增强,表明掺杂体系中的 B—C 和 P—C 键具有一定的离子键特性。

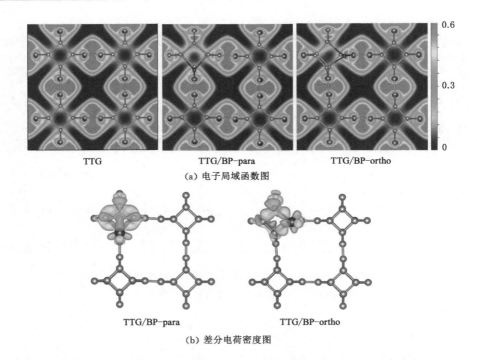

（a）电子局域函数图

（b）差分电荷密度图

图 3-4　本征 TTG 和共掺杂体系的电子局域函数图和差分电荷密度图

巴德电荷分析是测定原子间电荷转移最简单、最直接的分析方法。对于 BP 共掺杂 TTG 体系，TTG/BP-para 体系中 B 和 P 的电荷转移量分别为 $-1.66$ e 和 $-1.29$ e，TTG/BP-ortho 体系中 B 和 P 的电荷转移量分别为 $-1.28$ e 和 $-0.65$ e。其中负电荷值表示电荷损失。因此，在掺杂体系中，B 和 P 原子将自己的电荷贡献给周围的 C 原子而失去电荷。这是因为 C 原子的电负性（2.55）高于 B 原子的电负性（2.04）和 P 原子的电负性（2.19），吸引电子的能力相对来说更强。此外，电荷转移也可以通过差分电荷密度图［图 3-4（b）］来表明，其中黄色（青色）区域表示电子的得到（失去）。所有 TTG/BP 体系的 B 和 P 原子都被青色区域包围，表明 B 和 P 原子是电子供体，它们皆将自身的电荷转移到周围的 C 原子上。由差分电荷密度图观察到，P 原子在 TTG/BP-ortho 体系中的电子局域化强于在 TTG/BP-para 体系中的电子局域化，从 ELF 图中也可以发现这一点。此外，在 TTG/BP-ortho 体系中，由于 B 和 P 掺杂剂的引入，使得 B 和 P 周围的两个 C 原子之间的相互作用有所增强。

经过计算得到本征 TTG 的带隙为 1.89 eV，与文献［8,11］得到的本征 TTG 的能带隙 1.79 eV、1.82 eV 基本相符。TTG 共掺杂体系的电子能带结构如图 3-5 所示，共掺杂体系的带隙如表 3-1 所列。无论是否掺杂，所有的 TTG/BP 体系都表现出半导体行为。与本征 TTG 的带隙相比，所有共掺杂体系的带隙都减小了，这意味着体系的输运势垒减小，电子转移能力增强。当掺杂浓度为 4.2% 时，TTG/BP-para 和 TTG/BP-ortho 体系的带隙分别为 1.28 eV 和 1.04 eV。随着掺杂浓度的增加，TTG/BP-para 和 TTG/BP-ortho 体系的带隙逐渐减小，即电子转移能力逐渐增强。这一现象与在 TM 掺杂 TTG 体系中观察到的情况相似，3d 过渡金属原子浓度越高，带隙越小[11]。在相同掺杂浓度下，TTG/BP-ortho 体系的带隙比 TTG/BP-para 体系的带隙小。在 TTG/BP-para 和 TTG/BP-ortho 体系中，BP 共掺杂浓度调节了 TTG 的带隙。在不同 BP 掺杂浓度的掺杂体系中，TTG/BP-ortho-16.7% 体系的带隙最小，为 0.70 eV。所有掺杂体系的带隙均在 0.70～1.28 eV 范围内。这些带隙非常接近广泛使用的半导体材料 Si 的带隙(1.16 eV)，表明这些掺杂体系在半导体器件中有很大的应用潜力，如 PN 结二极管、金属氧化物场效应晶体管、双极晶体管和结场效应晶体管。

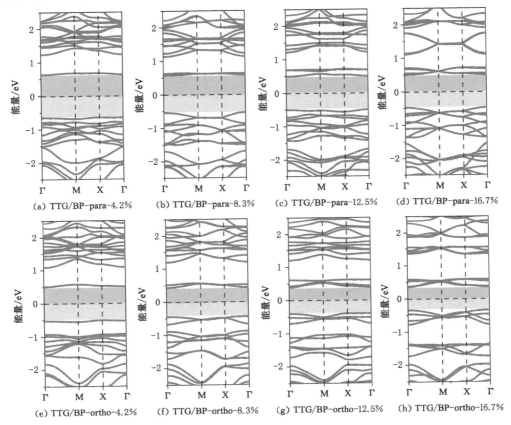

图 3-5　TTG 共掺杂体系的电子能带结构

接下来，研究了 TTG 共掺杂体系的分波态密度(PDOS)，如图 3-6 所示。不同浓度的 TTG/BP-para 掺杂体系的价带最大值(valence band maximum，VBM)是由 C-p($C-p_x$，$C-p_y$，$C-p_z$ 轨道之和)、$B-p_y$、$P-p_x$ 和 $P-p_y$ 轨道杂化形成的。导带最小值(conduction band minimum，CBM)是由 $C-p_z$、$B-s$、$B-p_y$ 和 $P-p_z$ 轨道杂化形成的。随着掺杂浓度的增加，$C-p_x$ 轨道的贡献相对于 $C-p_y$ 和 $C-p_z$ 轨道逐渐增加，$C-p_x$ 轨道与其他轨道 $B-p_y$、$P-p_x$、$P-p_y$ 杂化形成的 VBM 向上移动。结合图 3-6 与图 3-5 分析，发现在费米能级附近不同原子能量贡献的不同导致了带隙的减小。对于所有 TTG/BP-ortho 掺杂体系，C-p、$B-p_y$ 和 $P-p_y$ 轨道的杂化形成了 VBM，$C-p_z$、$B-s$、$B-p_y$、$P-p_z$ 的轨道杂化形成了 CBM。随着掺杂浓度的增加，TTG/BP-ortho 掺杂体系的 VBM 和 CBM 逐渐向费米能级移动，导致 TTG/BP-ortho 掺杂体系的带隙减小。此外，费米能级附近 C、B、P 原子之间的耦合效应随着 BP 掺杂浓度的增加而逐渐增强。这些结果表明，掺杂浓度对 TTG/BP 体系的电子性质有很强的调控作用，也表明了 B、P 掺杂 TTG 体系在纳米电子学领域的应用潜力。

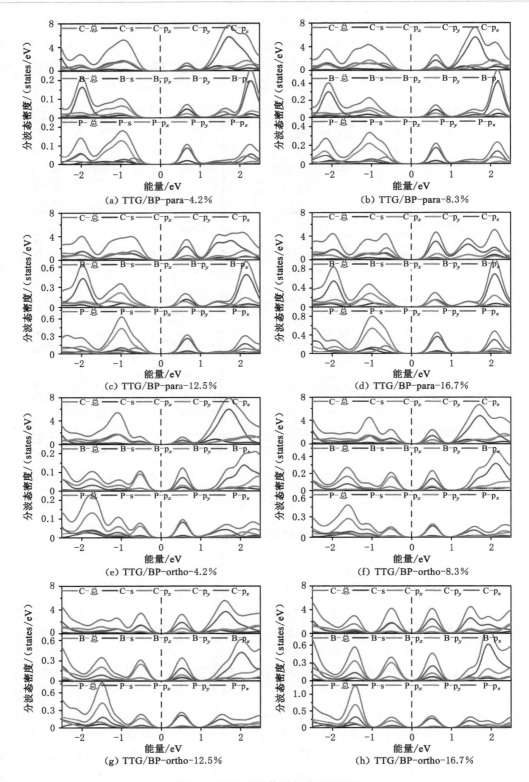

图 3-6　TTG/BP 体系的分波态密度

### 3.2.3　光学性质

光学性质是二维材料,特别是石墨烯的另一个重要特征。因此,研究了 TTG/BP 体系的吸收系数[$\alpha(\omega)$]、反射系数[$r(\omega)$]和折射系数[$n(\omega)$]。吸收系数是最重要的光学参数,图 3-7 显示了本征 TTG 和 TTG/BP-para-4.2%、TTG/BP-ortho-4.2% 体系的吸收系数[$\alpha(\omega)$],包括平行方向吸收系数($\alpha^{xx}$ 和 $\alpha^{yy}$)和垂直方向吸收系数($\alpha^{zz}$)。图 3-7 右上角的插图显示了放大后的 0.8～2.4 eV 区域间的吸收系数。光学带隙值为反切线与 $x$ 轴的交点值,观察到 TTG 的光学带隙约为 2.06 eV,远大于单层石墨烯的 0.75 eV[56]。对于本征 TTG 来说,平行方向的吸收系数 $\alpha^{xx}$ 和 $\alpha^{yy}$ 相同,$\alpha^{xx}$ 和 $\alpha^{yy}$ 与垂直方向的吸收系数 $\alpha^{zz}$ 不同。此外,本征 TTG 的吸收系数明显不同于单层和双层石墨烯的吸收系数[56-57],即 TTG 的光学性质不同于石墨烯的光学性质。

BP 共掺杂后,吸收系数 $\alpha^{xx}$、$\alpha^{yy}$ 和 $\alpha^{zz}$ 各不相同,这说明掺杂体系的光学各向异性显著。与本征 TTG 相比,所有主要的光吸收峰都出现在紫外光范围,且 TTG/BP 体系在 5 eV、10 eV 和 15 eV 处的吸收峰显著降低。BP 共掺杂使 $\alpha^{xx}$ 和 $\alpha^{yy}$ 的最大吸收峰从本征 TTG 的真空紫外光区(10.5 eV)转移到 TTG/BP 体系的近紫外光区(4.8 eV),但 $\alpha^{zz}$ 的主要吸收峰仍然位于真空紫外光区(9.8 eV)。在可见光区(1.6～3.2 eV)的低能区(1.6～2.2 eV)范围内,BP 共掺杂提高了 TTG 的吸收系数,且 TTG/BP-ortho 体系 $\alpha^{xx}$ 和 $\alpha^{yy}$ 的增强幅度大于 TTG/BP-para 体系 $\alpha^{xx}$ 和 $\alpha^{yy}$ 的增强幅度,$\alpha^{zz}$ 则相反。在近红外光区(1.2～1.6 eV)范围内,$\alpha^{zz}$ 也出现了类似的现象。对于所有 TTG 和 TTG/BP 体系,除了 TTG/BP-ortho 体系的 $\alpha^{yy}$ 外,其他体系的吸收边均出现在中红外光区域(约 1.2 eV)。TTG/BP-para 体系和 TTG/BP-ortho 体系的光学带隙分别为 1.09 eV 和 1.30 eV,由于带内跃迁,掺杂体系的光学带隙小于本征 TTG 的光学带隙(2.06 eV)。这些结果与 BP 共掺杂 TTG 时能带隙的减小结果是一致的。在 BP 共掺杂 TTG 体系中,由于其光学带隙的减小,光电子激发所需要的能量减小。此外,在可见光区可以观察到 TTG/BP 体系的吸收边红移的现象,这种现象也与 BP 共掺杂导致体系带隙减小有关。同时,这也表明该经 BP 掺杂的 TTG 对可见光的利用率有所提高。

接着将 BP 的掺杂浓度从 4.2% 增加到 16.7%,来进一步探索掺杂浓度对 TTG/BP 体系在 $x$、$y$ 和 $z$ 方向上的吸收系数 $\alpha^{xx}$、$\alpha^{yy}$ 和 $\alpha^{zz}$ 的影响,如图 3-8 所示。在近紫外光区(3.2～5.0 eV)范围内,除 TTG/BP-para 体系的 $\alpha^{yy}$ 外,其他吸收系数随着掺杂替代 BP 对的增加而单调减小。相反,在真空紫外光区(6.0～13.0 eV)范围内,吸收系数随掺杂替代 BP 对的增加而单调增大。此外,TTG/BP-para 体系和 TTG/PB-ortho 体系垂直方向吸收系数 $\alpha^{zz}$ 的吸收峰都从近紫外光区红移到可见光区(1.6～3.2 eV)。由此可见,BP 掺杂浓度主要影响可见光区和真空紫外光区的吸收系数。这些结果表明,BP 共掺杂提高了 TTG 的可见光利用率。此外,对于 TTG/BP-para 体系,掺杂浓度对不同方向吸收系数($\alpha^{xx}$、$\alpha^{yy}$ 和 $\alpha^{zz}$)的影响不同,在 $x$、$y$ 和 $z$ 方向上拥有最大吸收峰的掺杂浓度分别为 4.2%、8.3% 和 16.7%。由以上结果可以得出,掺杂浓度(4.2%～16.7%)对吸收系数起到明显的调节作用,尤其是对紫外光区的吸收系数,这对于 TTG 在光电器件中的应用提供了理论指导。

图 3-9 分别显示了本征 TTG 和 TTG/BP 体系在 $x$、$y$ 和 $z$ 方向上的反射系数 $r^{xx}$、$r^{yy}$ 和 $r^{zz}$。观察到 TTG 的反射系数光谱与石墨烯的反射系数光谱不同[56],且主要的反射系数峰在近紫外光区(3.2～5.0 eV)范围内,表明 TTG 和 TTG/BP 体系能应用于短波光电子器件

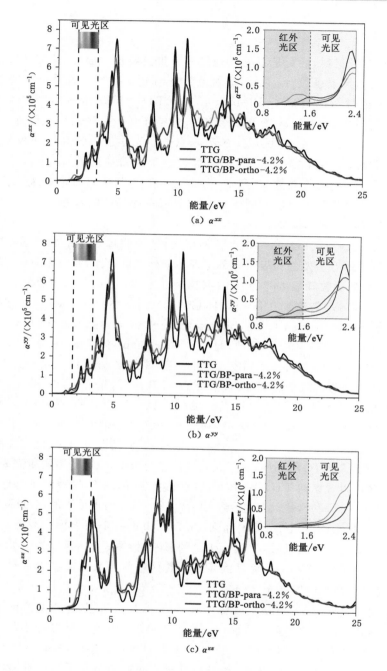

图 3-7　本征 TTG 和 TTG/BP-para-4.2%、TTG/BP-ortho-4.2%体系的吸收系数

中。此外,在一定掺杂浓度下,TTG/BP-para 体系的主要反射系数峰值大于 TTG/BP-ortho 体系的主要反射系数峰值。在红外光区(0~1.6 eV)范围内,随着掺杂浓度的增加,反射系数逐渐增大,所有 BP 共掺杂 TTG 体系都产生了较大的峰,但是 $r^{zz}$ 在 TTG/BP-ortho 体系中基本没有变化。在可见光区(1.6~3.2 eV)范围内,最大掺杂浓度(16.7%)时具有最大反射系数,但反射系数与掺杂浓度之间没有明显的关系,只有 $r^{zz}$ 随掺杂浓度的增

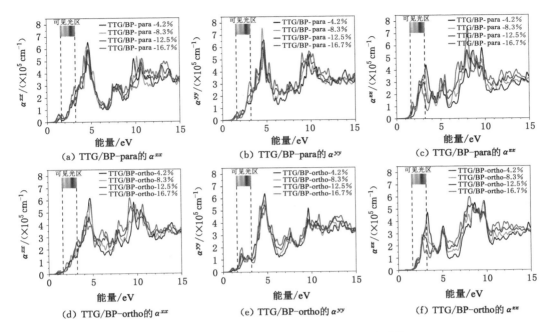

图 3-8　不同掺杂浓度 TTG/BP 体系的吸收系数

加而逐渐减小。在紫外光区（3.2～13.0 eV）范围内，TTG/BP 体系在 4.8 eV 处的 $r^{xx}$ 和 $r^{yy}$ 以及 3.4 eV 处的 $r^{zz}$ 随掺杂浓度的增加而急剧减小。同时，TTG/BP 体系的 $r^{zz}$ 最大峰值处随着掺杂浓度的增加从近紫外光区（3.4 eV）红移到可见光区（1.6～3.2 eV）。此外，在真空紫外光区，BP 共掺杂使两个反射峰在约 10.0 eV 处消失。这些结果表明，BP 掺杂后使 TTG 的透光率提高，即 BP 掺杂 TTG 体系在光波导器件中具有潜在的应用前景。

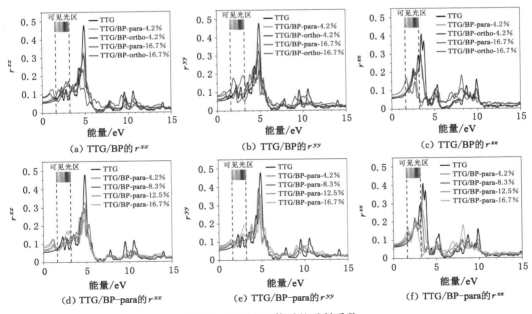

图 3-9　TTG/BP 体系的反射系数

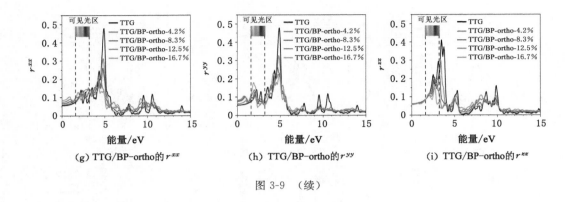

(g) TTG/BP-ortho的$r^{xx}$  　　(h) TTG/BP-ortho的$r^{yy}$  　　(i) TTG/BP-ortho的$r^{zz}$

图 3-9　（续）

　　折射系数是材料的另一个重要的光学性质。图 3-10 分别显示了本征 TTG 和 TTG/BP 体系在 $x$、$y$ 和 $z$ 方向上的折射系数 $n^{xx}$、$n^{yy}$ 和 $n^{zz}$。TTG 的折射系数图与石墨烯[56]的折射系数图相似，折射系数峰值在 0～5.0 eV 区域范围内。与 TTG 反射系数相似，在红外光区（0～1.6 eV）范围内，折射系数随掺杂浓度的增加而逐渐增大，且所有 BP 共掺杂 TTG 体系

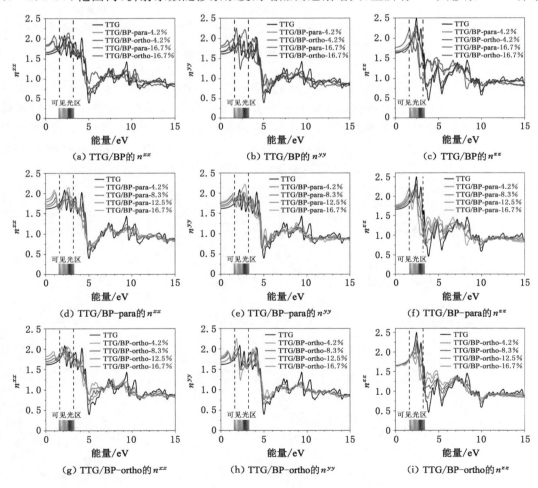

(a) TTG/BP的$n^{xx}$  　　(b) TTG/BP的$n^{yy}$  　　(c) TTG/BP的$n^{zz}$

(d) TTG/BP-para的$n^{xx}$  　　(e) TTG/BP-para的$n^{yy}$  　　(f) TTG/BP-para的$n^{zz}$

(g) TTG/BP-ortho的$n^{xx}$  　　(h) TTG/BP-ortho的$n^{yy}$  　　(i) TTG/BP-ortho的$n^{zz}$

图 3-10　本征 TTG 和 TTG/BP 体系的折射系数

都产生了显著的折射系数峰。然而,对比图 3-10(c)、(f)、(i)所示的两种掺杂体系的结果,可以观察到在对位和邻位掺杂对于垂直方向折射系数 $n^{zz}$ 具有完全不同的影响,TTG/BP-ortho 体系的 $n^{zz}$ 基本保持不变,而 TTG/BP-para 体系的 $n^{zz}$ 则不然。可见光区(1.6~3.2 eV)范围内的折射系数最大,表明本征 TTG 和 TTG/BP 体系在该光谱区域内有很强的折射作用。最重要的是,比较这三个方向的折射系数发现,最大折射系数出现在 $z$ 方向上,且随着掺杂浓度的增加,$n^{zz}$ 逐渐减小。因此,TTG 和 BP 共掺杂 TTG 体系可应用于具有高折射系数(2.0~2.5)的反射器中,以及在可见光范围内具有高透光率的介电滤波器中。在紫外光区(3.2~13.0 eV)范围内,4.9 eV 处具有最小的折射系数和最大的反射系数。特别是对于 $n^{zz}$,在近紫外光区,随着掺杂浓度的增加,3.9 eV 处的折射系数显著增大。

综上所述,BP 共掺杂使 TTG 在紫外光区的吸收系数、反射系数和折射系数降低,即提高了 TTG 的透光率。在红外光区和可见光区范围内,BP 共掺杂 TTG 体系的反射系数和折射系数的增大以及吸收系数的减小使其适合应用于光通信器件中。

## 3.3 孪生石墨烯及孪生 T 石墨烯吸附钾离子电池性能研究

社会的快速发展使得能源加速消耗,环境问题恶化。在这样的时代背景下,开发新型、可持续和环境友好型的新能源势在必行。储能装置的设计与研发是新能源发展的关键技术之一。也正是因为这样,各种储能设备,如超级电容器、锂离子电池和钾离子电池,已成为维持这些新能源的基本组件。锂离子电池因其电压高、体积小、重量轻而广泛应用于各种便携式电子设备中。然而,锂元素自然丰度低、锂资源分布不均以及对锂离子电池需求的增加,导致锂资源快速减少。此外,锂离子电池存在安全隐患以及阳极比容量较低等问题[58-61]。因此,具有成本效益的金属离子电池,如钾离子电池,因资源丰富且成本较低,引起了人们的极大关注。在石墨材料的插入/脱附过程中,钾表现出与锂相似的电化学性质。此外,钾离子电池比钠离子电池具有更高的离子电导率和更简单的界面反应。重要的是,与锂离子或钠离子电池相比,钾离子电池表现出更宽的电压阈值(约 4.6V),因此,它可以用于开发高压电池。然而,值得注意的是,大多数适用于锂离子电池的阳极材料不适用于钾离子电池。这种差异源于钾离子的半径(1.38 Å)比锂离子的半径(0.76 Å)大。所以,这种差异导致对阳极材料的体积需求增加。因此,有必要找到一种适合钾离子电池不同需求的合适阳极材料。

二维碳材料由于具有高比表面积、高载流子迁移率等特点[62-63],经常被用来设计成为碱金属离子电池的负极材料。研究发现,单层石墨烯作为负极材料,在吸附两层锂离子插层之后的理论电容量高达 744 mA·h/g[62-63]。以 α 石墨烯作为基底材料所设计的锂离子电池负极材料在储能方面更是表现优异,具有 2 719 mA·h/g 的超高电容量[63]。以上这些研究均证明了二维碳材料具有较高的碱金属离子存储能力。

孪生 T 石墨烯(TTG)[8]与孪生石墨烯(TG)[7]是理论预测出来的两种新型二维碳材料,它们具有三层 C 原子结构,由两种不同类型的 C 原子组成,C 原子皆为 $sp^2$ 杂化。TTG 材料是一种带隙约为 1.79 eV 的非磁性半导体[8],弹性常数约为 177 N/m,载流子迁移率约为 375 cm²/(V·s)。TG 也是一种非磁性半导体[7],带隙为 1.0 eV,并且具有优秀的力学性能。由于 TTG 和 TG 具有优秀物理性质,两者得到了广泛研究,其中不乏以 TTG、TG 为基底材料设计储能装置的研究。

Majidi 等[14]研究了 TTG 作为钠(Na)离子电池阳极材料的潜在特性,研究发现,与石墨和其他二维碳的同素异形体相比,TTG 具有较大的 Na 离子理论容量(2 231 mA·h/g),是一种优良的 Na 离子电池负极材料。Dua 等[26]研究了以 Na 为插层离子的 TG 基负极材料在可充电离子电池中的应用,研究发现 TG 吸附 Na 离子的理论容量为 496.2 mA·h/g。Deb 等[25]设计了一种双层 TG 基纳米电容器,发现双层 TG 基纳米电容器的能量和电荷存储能力优于其他二维碳同素异形体纳米电容器的能量和电荷存储能力。这些研究均表明 TTG 和 TG 具有成为优秀储能装置的潜力。

但是,还没有关于以 TTG 和 TG 为基底材料设计钾(K)离子电池负极材料的报道。本节用第一性原理计算方法探讨了 TTG 和 TG 作为 K 离子电池负极材料的各项性能。首先分析了 K 离子在两种材料上的最佳吸附位点,然后结合最佳吸附位点逐层吸附计算了其电子性质、理论容量、平均开路电压(average open circuit voltage,OCV)、扩散路径。同时,从理论容量、平均开路电压、扩散势垒等方面对比了 TTG 和 TG 作为储能装置的优缺点。

### 3.3.1　TTG 及 TG 中钾离子的吸附位点分析

TTG 和 TG 都是三层 C 原子结构,由两种不同类型的 C 原子(C1,C2)构成,并且 C 原子都是 sp² 杂化。首先研究 TTG 的吸附位点,图 3-11 展示了 K 离子在 TTG 上的 7 个吸附位点:两个中空位点,位于 16 元和 4 元 C 环的顶部(H1,H2);三个桥式位点,位于两个相邻 C 原子的中点(B1,B2,B3);两个顶部位点,位于 C 原子的顶部(T1,T2)。为了确定 K 吸附的最稳定位点,计算了 TTG 和 TG 的 $2 \times 2 \times 1$ 超胞每个位点上吸附一个 K 离子的吸附能,然后进行了比较。为了确定体系稳定性,吸附能 $\Delta E$(单位 eV)定义为:

$$\Delta E = E_{sheet+K} - (E_{sheet} + E_K) \tag{3-2}$$

其中,$E_{sheet}$ 和 $E_{sheet+K}$ 分别为基底材料吸附 K 前和吸附 K 后的总能量(单位 eV),$E_K$ 为 K 离子的总能量(单位 eV)。负的吸附能值表示 K 离子可以稳定地吸附在 TTG 和 TG 材料的表面,而不是与其他原子形成团簇。表 3-2 列出了 TTG 以及 TG 超胞不同吸附位点的吸附能。计算结果表明,对于 TTG 来说,16 元 C 环上方的空穴位置是吸附 K 的最佳位置,记为 H2-K/TTG 体系,吸附能为 $-1.05$ eV。对于优化的 H2 吸附结构,K 离子距离 16 元 C 环平面的高度约为 1.05 Å,K 离子与 C 原子之间的最近距离为 3.37 Å。在之前的研究中,碱金属 Na 离子同样也更倾向于吸附在 TTG 薄片的 16 元 C 环上方,即 H2 位[14]。经过计算,H1、H2、B1、T1 吸附位点处的 K 离子弛豫以后仍然处于原吸附位置附近,而 B2、T2 吸附位点处的 K 离子弛豫以后移动到 B1 位置附近,B3 吸附位点处的 K 离子弛豫以后移动到 H2 位置附近。TG 与 TTG 一样,有两个中空位点(A,B),两个顶部位点(C,D),以及三个桥式位点(E,F,G)。所有的吸附体系的吸附能均为负值,这代表所有的吸附体系均可以稳定存在。对于 TG 来说,在 B 吸附位点上吸附 K 离子的结构的吸附能为 $-7.99$ eV,比其他结构的稳定性都要强,记为 B-K/TG 体系。对于优化的吸附结构,B 位点处的 K 离子距离三角形平面的高度约为 1.86 Å,K 离子与 C 原子之间的最近距离为 3.05 Å。其他位点处的 K 离子经过弛豫以后分别倾向于移动至 A、E 两处位点,位于 A、G 位置处的 K 离子经过弛豫以后位于 A 位点附近,原本位于 C、D、E、F 位置处的 K 离子均移动至 E 吸附位点附近。A、E 位点上含 K 离子的结构的吸附能分别为 $-7.53$ eV 和 $-7.68$ eV。比较 TTG 以及 TG 的吸附能大小可以得知,TG 吸附 K 离子的体系要比 TTG 吸附 K 离子的体系更加稳定。

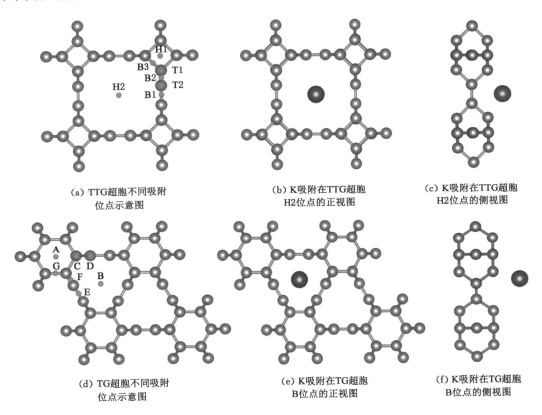

(a) TTG超胞不同吸附　　　　(b) K吸附在TTG超胞　　　　(c) K吸附在TTG超胞
　位点示意图　　　　　　　　　　H2位点的正视图　　　　　　　H2位点的侧视图

(d) TG超胞不同吸附　　　　(e) K吸附在TG超胞　　　　(f) K吸附在TG超胞
　位点示意图　　　　　　　　　B位点的正视图　　　　　　　B位点的侧视图

图 3-11　不同吸附位点及 K 离子吸附位置图

表 3-2　TTG 以及 TG 超胞不同吸附位点的吸附能 $\Delta E$

| 基底材料 | 吸附位点 | 弛豫后位点 | $\Delta E$/eV | 基底材料 | 吸附位点 | 弛豫后位点 | $\Delta E$/eV |
|---|---|---|---|---|---|---|---|
| TTG | H1 | H1 | $-0.52$ | TG | A | A | $-7.53$ |
| | H2 | H2 | $-1.05$ | | B | B | $-7.99$ |
| | T1 | T1 | $-0.64$ | | C | E | $-7.68$ |
| | T2 | B1 | $-0.76$ | | D | E | $-7.68$ |
| | B1 | B1 | $-0.76$ | | E | E | $-7.68$ |
| | B2 | B1 | $-0.76$ | | F | E | $-7.68$ |
| | B3 | H2 | $-1.05$ | | G | A | $-7.53$ |

　　通过从头计算分子动力学模拟进一步证实了 H2-K/TTG 和 B-K/TG 体系的稳定性。如图 3-12 所示,在 H2-K/TTG 和 B-K/TG 体系的模拟过程中,势能在恒定值附近显示出微小

的波动。此外,两个体系的结构在模拟过程中没有表现出显著的变形。总之,H2-K/TTG 和 B-K/TG 体系在 300 K 下表现出动力学稳定性。

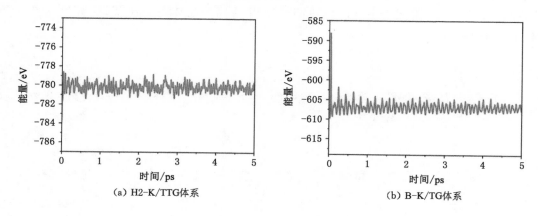

（a）H2-K/TTG体系　　　　　　　　（b）B-K/TG体系

图 3-12　温度在 300 K 的分子动力学模拟

### 3.3.2　钾离子吸附 TTG 及 TG 的电子性质

接下来研究 TTG 和 TG 最佳吸附位点构型的电子性质。通过电子局域函数（ELF）图分析 TTG 和 TG 吸附 K 离子前后的电子局域化程度,电子局域函数数值为 0 时代表完全离域电子态,为 0.5 则表示自由电子气区域,电子局域函数数值越大,电子局域化程度也就越大。从 ELF 图［图 3-13（a）、（b）、（d）、（e）］可以观察到,TTG 以及 TG 的 C—C 原子之间存在共用电子的行为,即 C—C 键是共价键。同时通过对比分析发现,TG 吸附 K 离子以后,K 离子与周围的 C 原子之间存在自由电子气区域,而 TTG 在吸附 K 离子前后的电子局域化程度变化不大,这说明 TG 吸附 K 离子以后具有更加良好的导电行为。

巴德电荷分析可以有效地判断出电荷转移情况。研究发现,在 H2-K/TTG 体系中所吸附的 K 离子的电荷转移量为 $-0.75$ e,而在 B-K/TG 体系中吸附的 K 离子的电荷转移量为 $-0.74$ e。K 离子失去电荷的这一结果也可以通过差分电荷密度图分析得出,如图 3-13（c）、（f）所示。差分电荷密度图可以很形象地展示电荷的得失情况,黄色（蓝色）区域代表着得到（失去）电荷。从图 3-13（c）、（f）展示出的 H2-K/TTG 体系以及 B-K/TG 体系的差分电荷密度图可以看出,K 离子失去电荷,电荷主要聚集在 C 原子周围,这是因为 C 原子的电负性比 K 离子的电负性高,吸引电子的能力更强。巴德电荷分析结合差分电荷密度图可表明,K 离子可以被物理吸附在 TTG 以及 TG 材料表面,这一过程对应于电极材料的氧化还原反应。

接下来分别研究 TTG 和 TG 最佳吸附位点构型（H2-K/TTG、B-K/TG 体系）的能带图以及态密度图,如图 3-14 所示。本征 TTG 以及 TG 都是非磁性半导体,带隙分别为 1.89 eV 和 0.75 eV,这和以往的研究结果基本相符[7-8,11-12]。当 K 离子吸附在 TTG 的 H2 位点以及 TG 的 B 位点时,两种基底材料的能带均穿过费米能级,这表明两种基底材料均由半导体性质转变为金属性质。基底材料吸附 K 离子后转变为金属性质的行为满足了离子在阳极材料上扩散的基本要求,有利于阳极材料的快速充电和放电。这种金属性质的产生

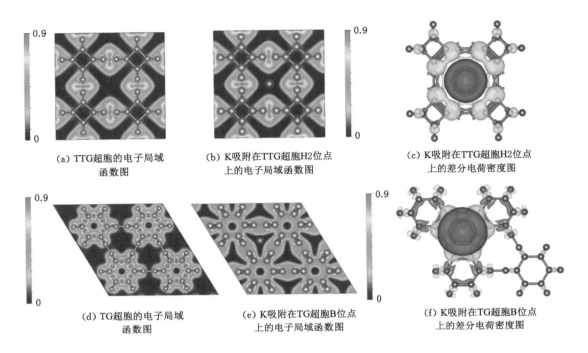

(a) TTG超胞的电子局域　　　(b) K吸附在TTG超胞H2位点　　　(c) K吸附在TTG超胞H2位点
　　　函数图　　　　　　　　　　上的电子局域函数图　　　　　　上的差分电荷密度图

(d) TG超胞的电子局域　　　　(e) K吸附在TG超胞B位点　　　　(f) K吸附在TG超胞B位点
　　　函数图　　　　　　　　　　上的电子局域函数图　　　　　　上的差分电荷密度图

图 3-13　电子局域函数图和差分电荷密度图

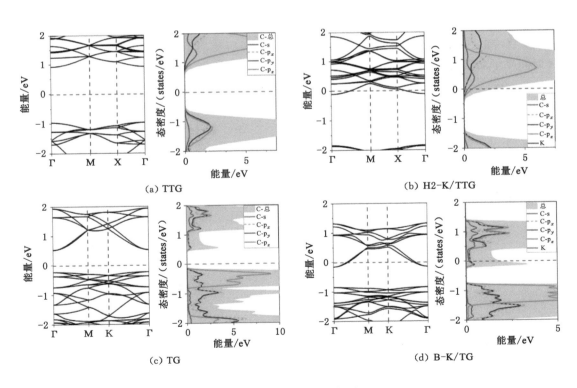

(a) TTG　　　　　　　　　　　　　　　　　　　(b) H2-K/TTG

(c) TG　　　　　　　　　　　　　　　　　　　(d) B-K/TG

图 3-14　能带及态密度图

源于 K 离子与基底材料表面之间的电荷转移。态密度图同样证实了这种金属性质的转变。从态密度图中也可以看出,TTG 以及 TG 中由 C 原子 s、p 轨道主要贡献的导带穿过费米能级进入了价带。同时,C-$p_z$ 轨道对 TTG 的导带以及 TG 的价带贡献相对比较明显。

### 3.3.3 钾离子的理论容量及扩散性质

在可充电的碱金属离子电池中,阳极材料所能吸附的最大离子数是衡量阳极材料效率的重要参数。阳极材料的最大离子容量可以通过在阳极材料上的逐层吸附 K 离子来确定。在这里需要计算吸附每层 K 离子的平均吸附能。平均吸附能 $\Delta E_a$(单位 eV)表达式为:

$$\Delta E_a = (E_{sheet/K_n} - E_{sheet/K_{n-1}} - xE_K)/x \tag{3-3}$$

其中,$E_{sheet/K_n}$ 和 $E_{sheet/K_{n-1}}$ 分别为基底材料吸附第 $n$ 层 K 离子和第 $(n-1)$ 层 K 离子的体系总能量(单位 eV),$x$ 为每一层可容纳的 K 离子的数量,$E_K$ 为单个 K 离子的能量(单位 eV)。当 $\Delta E_a$ 为负值时,表示吸附 K 离子后的体系整体具有热力学稳定性,逐层吸附 K 离子后直到 $\Delta E_a$ 为正值,表示体系不再具有稳定性。本研究分别采用 $2 \times 2 \times 1$ 的 TTG 以及 TG 超胞,将 K 离子吸附在基底材料上。

此外,还需要计算差分吸附能,以考虑相邻吸附离子之间的强排斥作用。差分吸附能 $\Delta E_{diff-a}$ 为:

$$\Delta E_{diff-a} = E_{sheet+nK} - (E_{sheet+(n-1)K} + E_K) \tag{3-4}$$

其中,$E_{sheet+nK}$ 为具有 $n$ 个 K 离子的系统的能量(单位 eV),$E_{sheet+(n-1)K}$ 为具有 $(n-1)$ 个 K 离子的系统的能量(单位 eV),$E_K$ 是单个 K 离子的能量(单位 eV)。负的差分吸附能表明 K 离子不聚集在材料上。

TTG 和 TG 吸附 K 离子的结构示意图如图 3-15 所示,TTG 和 TG 吸附 K 离子的差分吸附能和平均吸附能如表 3-3 所列。

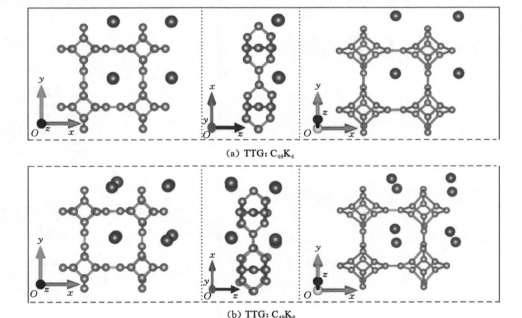

(a) TTG：$C_{48}K_4$

(b) TTG：$C_{48}K_8$

图 3-15　TTG 和 TG 吸附 K 离子的结构示意图

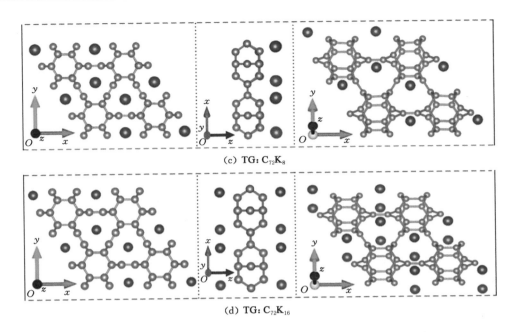

(c) TG: $C_{72}K_8$

(d) TG: $C_{72}K_{16}$

图 3-15 （续）

表 3-3 TTG 和 TG 吸附 K 离子的差分吸附能和平均吸附能

| 基底材料 | 层 | 吸附 K 离子个数 | $\Delta E_{diff-a}/eV$ | $\Delta E_a/eV$ |
|---|---|---|---|---|
| TTG | 第一层 | 1 | −1.05 | −1.08 |
| | | 2 | −1.12 | |
| | | 3 | −1.10 | |
| | | 4 | −1.07 | |
| | 第二层 | 5 | −1.21 | −1.22 |
| | | 6 | −1.13 | |
| | | 7 | −1.18 | |
| | | 8 | −1.34 | |
| | 第三层 | 9 | −0.24 | −0.09 |
| | | 10 | −0.31 | |
| | | 11 | −0.37 | |
| | | 12 | 0.69 | |
| TG | 第一层 | 1 | −7.99 | −1.74 |
| | | 2 | −1.49 | |
| | | 3 | −1.16 | |
| | | 4 | −0.79 | |
| | | 5 | −0.78 | |
| | | 6 | −0.59 | |

表 3-3(续)

| 基底材料 | 层 | 吸附 K 离子个数 | $\Delta E_{\text{diff}-\text{a}}/\text{eV}$ | $\Delta E_{\text{a}}/\text{eV}$ |
|---|---|---|---|---|
| TG | 第一层 | 7 | −0.81 | −1.74 |
| | | 8 | −0.32 | |
| | 第二层 | 9 | −2.06 | −1.08 |
| | | 10 | −1.42 | |
| | | 11 | −1.13 | |
| | | 12 | −1.20 | |
| | | 13 | −0.58 | |
| | | 14 | −0.77 | |
| | | 15 | −1.48 | |
| | | 16 | −0.69 | |
| | 第三层 | 17 | 0.80 | −0.07 |

首先选择将 K 离子吸附在基底材料两侧的最佳吸附位点处,依次构成第一层和第二层,接着将 K 离子吸附在基底材料两侧的次佳吸附位点处,依次构成第三层和第四层。越来越多的 K 离子被吸附到基底上,直到 $\Delta E_{\text{a}}$ 变为正,以获得最大的离子容量。对于 TTG 来说,H2 是最佳吸附位点。在 TTG 一侧的 4 个 H2 位点处吸附 K 离子来构成第一层,$\Delta E_{\text{a}}$ 为 −1.08 eV。随后,依次将 K 离子吸附在第二层的 4 个 H2 位点上,其 $\Delta E_{\text{a}}$ 为 −1.22 eV。然后,K 离子依次吸附在第三层中的 8 个 B1 位点(第二个最稳定的吸附位点)上,$\Delta E_{\text{a}}$ 为 −0.09 eV。当第 12 个 K 离子吸附到第三层上时,$\Delta E_{\text{diff}-\text{a}}$ 变为正(0.69 eV),这表明 TTG 衬底不能容纳多于双层的 K 离子。在 TG 的情况下,B 位点是最稳定的吸附位置,并用于形成第一层和第二层,每个层由 8 个 B 吸附位点组成。第一层和第二层的 $\Delta E_{\text{a}}$ 分别为 −1.74 eV 和 −1.08 eV。类似的情况也出现在以前关于 Na 吸附 TTG 和 TG 的研究结果中。例如,对于 TG 上的 Na 吸附,第一层和第二层的 $\Delta E_{\text{a}}$ 分别为 −1.594 eV 和 −1.604 eV[14,21]。然而,对于 Na 吸附的 TTG,第一层和第二层的 $\Delta E_{\text{a}}$ 分别为 −1.74 eV 和 −1.70 eV,第三层和第四层的 $\Delta E_{\text{a}}$ 分别为 −1.50 eV 和 −1.60 eV。在填充所有 B 位点后,将 K 离子放置在 TG 表面上的下一个稳定位点 E 上,以形成第三层。第三层的 $\Delta E_{\text{a}}$ 为 −0.07 eV。在吸附第三层中的第 17 个 K 离子后,$\Delta E_{\text{diff}-\text{a}}$ 变为正值(0.80 eV),这表明 TG 不能容纳第三层 K 离子。TTG 和 TG 的 $\Delta E_{\text{a}}$ 的逐层比较表明,TG 吸附的第一层 K 离子的 $\Delta E_{\text{a}}$ 绝对值明显高于 TTG 吸附的第一层 K 离子的 $\Delta E_{\text{a}}$ 绝对值。然而,被这两种材料吸附的第二层 K 离子的 $\Delta E_{\text{a}}$ 的差异并不显著。总之,TG 在逐层吸附 K 离子后表现出更大的稳定性。这与先前单个 K 离子在 TG 上更稳定吸附的结果一致。

接下来计算 TTG 和 TG 吸附 K 离子的理论容量。理论容量 $C$ 可由下式计算得出:

$$C = F x_{\text{m}}/M_{\text{C}} \tag{3-5}$$

其中,$x_{\text{m}}$ 为基底材料所能容纳的最大离子数,$F$ 为法拉第常数($F=26.8$ A · h/mol),$M_{\text{C}}$ 为 TTG 或 TG 的相对分子质量。经过计算,TTG 的理论容量为 372.22 mA · h/g,$2 \times 2 \times 1$ 的 TTG 超晶格可容纳 8 个 K 离子。TG 的理论容量为 496.30 mA · h/g,这一结果和 TG 做

Na 离子电池阳极材料的理论容量结果基本相符[26]，2×2×1 TG 超晶胞最多可容纳 16 个 K 离子。同时，对比可得 TG 的理论容量要比 TTG 的理论容量大一些，即 TG 的储钾性能相对较好。此外，这些理论容量的计算值高于石墨二炔储钾的理论容量（273 mA·h/g）[64]、g-GeC 储钾的理论容量（316.7 mA·h/g）[65]、$Ti_3C_2$ MXene 吸附钾的理论容量（191.8 mA·h/g）[66]、h 空位石墨烷吸附锂的理论容量（207.49 mA·h/g）[67]。另外，TG 的理论容量高于 1H-$BeP_2$ 的理论容量（377.5 mA·h/g）[68]。这些较高的理论容量表明 TTG 和 TG 是 K 离子电池中负极材料的合适候选者。然而，TTG 和 TG 的理论容量远低于 Li 嵌入的多层 α 石墨烯的理论容量（2 719 mA·h/g）和石墨烯的理论容量（1 117 mA·h/g）[69]。

同时，还计算了描述电极性能的重要参数开路电压 $U_{OCV}$，公式如下：

$$U_{OCV} = (E_C + x E_K - E_{K-C})/(xz) \tag{3-6}$$

其中，$E_C$ 为基底材料（本征 TTG 和 TG）超胞的总能量（单位 eV），$E_K$ 为三维块体钾中单个 K 离子的能量（单位 eV），$E_{K-c}$ 为 K 离子吸附在基底材料上的总能量（单位 eV），$x$ 为插层离子数，$z=1$ 从 K 离子中可得。经过计算，TTG 的平均 $U_{OCV}$ 为 1.12 V（第一层 $U_{OCV}$ 为 1.08 V，第二层 $U_{OCV}$ 为 1.15 V）。TG 的平均 $U_{OCV}$ 为 1.58 V（第一层 $U_{OCV}$ 为 1.74 V，第二层 $U_{OCV}$ 为 1.41 V）。这些平均 $U_{OCV}$ 大约为 1.5 V，说明这两种基底材料均可以应用于阳极材料中。其中，TTG 的平均 $U_{OCV}$ 比 TG 的平均 $U_{OCV}$ 低，较低的 $U_{OCV}$ 代表可以更好地应用于 K 离子电池阳极材料中。另外，K 离子吸附的 TTG 和 TG 的平均 $U_{OCV}$ 均高于 K 离子吸附的 T 石墨烯的平均 $U_{OCV}$（0.37 V）、Na 离子吸附的 TG 的平均 $U_{OCV}$（1.09 V）和 TTG 的平均 $U_{OCV}$（0.51 V）。

K 离子的迁移率同样是评价阳极材料优劣的一个重要因素。相对较低的扩散能垒代表 K 离子电池可以快速充电和放电。采用爬坡弹性带方法（climbing-image nudged elastic band，CI-NEB）研究了扩散路径[70]。图 3-16 展示了 K 离子在基底材料上的扩散路径以及扩散能量曲线，表 3-4 总结了迁移路径和势垒对应的迁移活化能。对于 TTG 来说，H2 是最佳吸附位点，将两个相邻的 H2 位点连接起来，可以设计出两条扩散路径。路径 1：连接共享同一边的两个相邻 H2 位点[图 3-16（a）]；路径 2：通过 H1 位点连接两个 H2 位点 [图 3-16（b）]。经过计算，得出 K 离子沿路径 1 和路径 2 的扩散势垒分别是 0.24 eV 和 0.44 eV。对于 TG 来说，最稳定的吸附位点是 B，同样可以为其设计两条扩散路径。路径 1：连接共享同一边的两个相邻 B 位点[图 3-16（c）]；路径 2：跨越 A 位点连接两个 B 位点 [图 3-16（d）]。K 离子沿路径 1 和路径 2 的扩散势垒分别是 0.30 eV 和 0.58 eV。分析计算结果，发现 TG 的扩散势垒比 TTG 的扩散势垒要高，并且 K 在 TTG 上更容易移动，这也意味着 K 离子在 TTG 为基底的负极材料上的扩散速度会更快，充放电速率更高。除了 TG 上沿着路径 2 的 K 之外，计算的扩散势垒近似于 T 石墨烯上的 K 离子的扩散势垒（路径 1 和 2 分别为 0.29 eV 和 0.25 eV），并且低于有缺陷的石墨烯上的（约 0.49 eV）。然而，这些值大于吸收 K 的原始石墨烯的值（约 0.1 eV）。此外，对于 TTG 和 TG，代表最短距离的路径 1 的扩散势垒低于路径 2 的扩散势垒。重要的是，除了 TG 上沿着路径 2 的 K 之外，TTG 和 TG 的所有路径的扩散势垒都远低于金属迁移的阈值（0.50 eV），确保了 K 在这两种阳极材料上更快的扩散速率。

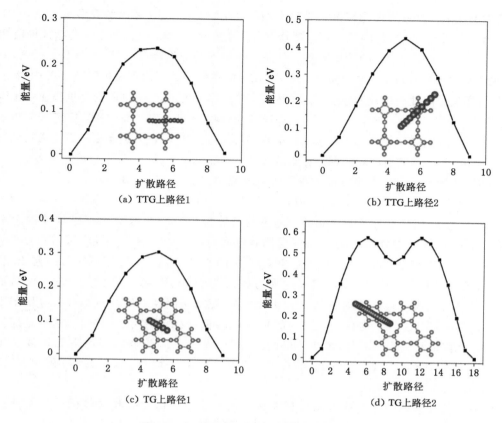

图 3-16　K 离子扩散路径及扩散能量曲线

表 3-4　图 3-16 中迁移路径所对应的势垒的迁移活化能　　　单位:eV

| 路径 | TTG | TG |
|---|---|---|
| 1 | 0.24 | 0.30 |
| 2 | 0.44 | 0.58 |

　　总之,对于 K 吸附,TTG 的最大吸附容量(372 mA·h/g)和 TG 的最大吸附容量(496.30 mA·h/g)显著低于 T 石墨烯的最大吸附容量(1 116 mA·h/g)。然而,K 在 TTG 和 TG 上沿着路径 1 的最小扩散势垒(0.24 eV 和 0.30 eV)低于 Li、Na 和 K 在 T 石墨烯表面上的最小扩散势垒(0.37 eV、0.35 eV 和 0.25 eV)。与单层 T 石墨烯相比,TTG 和 TG 都具有由不同类型的 C 原子组成的三层碳结构。因此,六边形内和六边形间的 K 扩散具有非常低的扩散势垒,这表明 TTG 和 TG 具有良好的充放电速率性能。

# 3.4　本章小结

　　TG、TTG 都是具有非磁性半导体性质的新型碳的同素异形体。两者皆具有独特的三层 C 原子结构,表明它们具有很大的性能调控空间。因此,本章对 TG、TTG 的物理性质进行了调控,具体研究结果如下:

探究了非金属原子掺杂对二维碳材料 TTG 电子结构和光学性质的调控。首先用 B、P 双掺 TTG，考虑了 13 种不同的掺杂构型，并以 TTG/BP-para 和 TTG/BP-ortho 体系为主要研究对象进行研究。在掺杂体系中，B、P 将自身的电荷转移到周围的 C 原子身上。本征 TTG 的带隙为 1.89 eV，经过 B、P 共掺以后依然保持半导体性质，并且带隙随着掺杂浓度的增加逐渐减小。同时，随着掺杂浓度的增加，费米能级附近 C、B、P 原子之间的耦合效应逐渐增强。经过 B、P 共掺后，掺杂体具有明显的光学各向异性，且光学带隙有所减小。掺杂浓度对 TTG/BP 体系在可见光区和真空紫外光区的吸收系数产生明显影响。同时，在红外光区的折射系数和反射系数随着掺杂浓度的增加而逐渐减小。B、P 的共掺提升了 TTG 的透光率，研究结果能够为 TTG 在光通信器件、光波导器件中的应用提供理论指导。

对负载 K 离子的二维碳材料 TTG、TG 的物理化学性质进行模拟计算，进而探究了二维碳材料的储能性质。首先将 TTG 以及 TG 作为钾离子电池负极材料对比各项性能。K 离子可以吸附在 TTG 和 TG 的不同位置上，两种材料均具有 7 个不同的吸附位点。根据吸附能判定出 TTG 以及 TG 的最稳定的吸附位点分别为 H2 和 B 位点，且 TG 吸附单个 K 离子的稳定性要比 TTG 吸附单个 K 离子的稳定性强。TTG 和 TG 在最稳定吸附位点上吸附 K 离子后均表现为金属性质，证明了两者作为 K 离子电池负极材料的良好导电行为。TTG 和 TG 均可最多容纳两层 K 离子，其理论容量分别为 372.22 mA·h/g 和 496.30 mA·h/g。同时，TTG 和 TG 的平均开路电压分别为 0.79 V 和 1.25 V。此外，分别为 TTG 和 TG 结构设计两条扩散路径，且无论是 TTG 还是 TG，距离最短的路径 1 的扩散势垒都要比路径 2 的扩散势垒低。TTG 和 TG 的最低扩散势垒分别为 0.24 eV 和 0.44 eV。研究表明，TG 结构的理论容量高于 TTG 结构的理论容量，但是 TTG 作为负极材料拥有更好的充放电速率。综上所述，TTG 和 TG 均具备成为 K 离子电池负极材料的基本条件，为二维碳材料在储能领域的应用提供了崭新的思路。

本章从不同角度对 TG、TTG 这两种二维碳材料的物理性质进行了调控研究。非金属原子以及过渡金属原子的掺杂替代是调控二维碳材料光学性质、电子结构等物理性质的有效手段。此外，对二维碳材料 TG、TTG 的物理性质进行模拟计算，发现 TG、TTG 在作为储能材料方面也具有一定潜力。综上，TG 和 TTG 是十分具有潜力的纳米电子器件候选材料。

# 参考文献

[1] GEIM A K，NOVOSELOV K S. The rise of graphene[J]. Nature materials，2007，6：183-191.

[2] SCHEDIN F，GEIM A K，MOROZOV S V，et al. Detection of individual gas molecules adsorbed on graphene[J]. Nature materials，2007，6：652-655.

[3] ZHANG T，SUN H，WANG F D，et al. Adsorption of phosgene molecule on the transition metal-doped graphene：first principles calculations [J]. Applied surface science，2017，425：340-350.

[4] DWIVEDI S. Graphene based electrodes for hydrogen fuel cells：a comprehensive review[J]. International journal of hydrogen energy，2022，47(99)：41848-41877.

［5］WU Y Q，LIN Y M，BOL A A，et al. High-frequency，scaled graphene transistors on diamond-like carbon［J］. Nature，2011，472：74-78.

［6］LIAO L，LIN Y C，BAO M Q，et al. High-speed graphene transistors with a self-aligned nanowire gate［J］. Nature，2010，467：305-308.

［7］JIANG J W，LENG J T，LI J X，et al. Twin graphene：a novel two-dimensional semiconducting carbon allotrope［J］. Carbon，2017，118：370-375.

［8］BHATTACHARYA D，JANA D. Twin T-graphene：a new semiconducting 2D carbon allotrope［J］. Physical chemistry chemical physics，2020，22(18)：10286-10294.

［9］ZHOU B H，ZHOU B L，ZHOU G H. Optimizing the thermoelectric performance of γ-graphyne nanoribbons via introducing disordered surface fluctuation［J］. Solid state communications，2019，298：113646.

［10］解忧，张卫涛，曹松，等. 过渡金属原子链对双层石墨烯纳米带的电磁性质的调控［J］. 陕西师范大学学报（自然科学版），2018，46(6)：54-60.

［11］MAJIDI R，RAMAZANI A，RABCZUK T. Electronic properties of transition metal embedded twin T-graphene：a density functional theory study［J］. Physica E：low-dimensional systems and nanostructures，2021，133：114806.

［12］YU B Y，XIE Y，WU X，et al. Structural and electronic properties of AlY(Y＝B，N，O) dual-doped twin graphene：a density functional theory study［J］. Physica E：low-dimensional systems and nanostructures，2021，128：114619.

［13］MAJIDI R，NADAFAN M. Detection of exhaled gas by γ-graphyne and twin-graphene for early diagnosis of lung cancer：a density functional theory study［J］. Physics letters A，2020，384(1)：126036.

［14］MAJIDI R，AYESH A I. A density functional theory study of twin T-graphene as an anode material for Na-ion-based batteries［J］. Journal of applied physics，2022，132(19)：194301.

［15］CHEN F，ZHANG X H，GUAN X N，et al. Nitrogen-doped or boron-doped twin T-graphene as advanced and reversible hydrogen storage media［J］. Applied surface science，2023，622：156895.

［16］LI L L，ZHANG H，CHENG X L，et al. First-principles studies on 3d transition metal atom adsorbed twin graphene［J］. Applied surface science，2018，441：647-653.

［17］DONG S，LV E F，WANG J H，et al. Construction of transition metal-decorated boron doped twin-graphene for hydrogen storage：a theoretical prediction［J］. Fuel，2021，304：121351.

［18］MAJIDI R，RAMAZANI A. Detection of HF and $H_2S$ with pristine and Ti-embedded twin graphene：a density functional theory study［J］. Journal of physics and chemistry of solids，2019，132：31-37.

［19］CHEN L Y，YU B Y，XIE Y，et al. Tuning gas-sensitive properties of the twin graphene decorated with transition metal via small electrical field：a viewpoint of first principle［J］. Diamond and related materials，2023，133：109707.

[20] MAJIDI R,RABCZUK T. Structural and electronic properties of BN co-doped and BN analogue of twin graphene sheets:a density functional theory study[J]. Journal of physics and chemistry of solids,2019,135:109115.

[21] DEB J,SARKAR U. Boron-nitride and boron-phosphide doped twin-graphene: applications in electronics and optoelectronics[J]. Applied surface science,2021, 541:148657.

[22] LIU X Y,CHENG X L,ZHANG H. Insights into controllable electronic properties of 2D type-Ⅱ twin-graphene/g-$C_3N_4$ and type-Ⅰ twin-graphene/hBN vertical heterojunctions via external electric field and strain engineering[J]. Physics letters A,2022,443:128216.

[23] PENG Y N,YU J F,CAO X H,et al. An efficient mechanism for enhancing the thermoelectricity of twin graphene nanoribbons by introducing defects[J]. Physica E: low-dimensional systems and nanostructures,2020,122:114160.

[24] LI J X,ZHANG H W,GUO Z R,et al. Thermal stability of twin graphene:a ReaxFF molecular dynamics study[J]. Applied surface science,2023,623:157038.

[25] DEB J,DUA H,SARKAR U. Designing nanoscale capacitors based on twin-graphene [J]. Physical chemistry chemical physics,2021,23(30):16268-16276.

[26] DUA H,DEB J,PAUL D,et al. Twin-graphene as a promising anode material for Na-ion rechargeable batteries[J]. ACS applied nano materials,2021,4(5):4912-4918.

[27] MONTEJO-ALVARO F,GONZÁLEZ-QUIJANO D,VALMONT-PINEDA J A,et al. $CO_2$ adsorption on PtCu sub-nanoclusters deposited on pyridinic N-doped graphene:a DFT investigation[J]. Materials,2021,14(24):7619.

[28] REN F,YAO M L,LI M,et al. Tailoring the structural and electronic properties of graphene through ion implantation[J]. Materials,2021,14(17):5080.

[29] ARMAKOVIĆ S,ARMAKOVIĆ S J. Investigation of boron modified graphene nanostructures:optoelectronic properties of graphene nanoparticles and transport properties of graphene nanosheets[J]. Journal of physics and chemistry of solids, 2016,98:156-166.

[30] XIE Y,CAO S,WU X,et al. Density functional theory study of hydrogen sulfide adsorption onto transition metal-doped bilayer graphene using external electric fields [J]. Physica E:low-dimensional systems and nanostructures,2020,124:114252.

[31] XIE Y,ZHANG W T,CAO S,et al. First-principles study of transition metal monatomic chains intercalated AA-stacked bilayer graphene nanoribbons[J]. Physica E:low-dimensional systems and nanostructures,2019,106:114-120.

[32] CHOI W I,JHI S H,KIM K,et al. Divacancy-nitrogen-assisted transition metal dispersion and hydrogen adsorption in defective graphene:a first-principles study[J]. Physical review B,2010,81(8):085441.

[33] LI Z Q,HE W X,WANG X X,et al. N/S dual-doped graphene with high defect density for enhanced supercapacitor properties[J]. International journal of hydrogen

energy,2020,45(1):112-122.

[34] DENIS P A, IRIBARNE F. The effect of the dopant nature on the reactivity, interlayer bonding and electronic properties of dual doped bilayer graphene[J]. Physical chemistry chemical physics,2016,18(35):24693-24703.

[35] DENIS P A, PEREYRA HUELMO C. Structural characterization and chemical reactivity of dual doped graphene[J]. Carbon,2015,87:106-115.

[36] DENIS P A, PEREYRA HUELMO C, MARTINS A S. Band gap opening in dual-doped monolayer graphene[J]. The journal of physical chemistry C,2016,120(13): 7103-7112.

[37] DENIS P A. Mono and dual doped monolayer graphene with aluminum, silicon, phosphorus and sulfur[J]. Computational and theoretical chemistry, 2016, 1097: 40-47.

[38] DENIS P A, HUELMO C P, IRIBARNE F. Theoretical characterization of sulfur and nitrogen dual-doped graphene[J]. Computational and theoretical chemistry, 2014, 1049:13-19.

[39] GUO Z S, NI S N, WU H, et al. Designing nitrogen and phosphorus co-doped graphene quantum dots/g-$C_3N_4$ heterojunction composites to enhance visible and ultraviolet photocatalytic activity[J]. Applied surface science,2021,548:149211.

[40] ZHANG L, LIANG P, MAN X L, et al. Fe,N co-doped graphene as a multi-functional anchor material for lithium-sulfur battery[J]. Journal of physics and chemistry of solids,2019,126:280-286.

[41] CHAE G S, YOUN D H, LEE J S. Nanostructured iron sulfide/N,S dual-doped carbon nanotube-graphene composites as efficient electrocatalysts for oxygen reduction reaction[J]. Materials,2021,14(9):2146.

[42] KIM H S, KIM S S, KIM H S, et al. Anomalous transport properties in boron and phosphorus co-doped armchair graphene nanoribbons[J]. Nanotechnology,2016,27 (47):47LT01.

[43] DENIS P A. Lithium adsorption on heteroatom mono and dual doped graphene[J]. Chemical physics letters,2017,672:70-79.

[44] WANG D Z, LIU T Y, WANG J C, et al. N,P(S) co-doped $Mo_2C$/C hybrid electrocatalysts for improved hydrogen generation[J]. Carbon,2018,139:845-852.

[45] LI Z F, YANG H M, ZHANG D D, et al. Effects of Bi and S co-doping on the enhanced photoelectric performance of ZnO: theoretical and experimental investigations[J]. Journal of alloys and compounds,2021,872:159648.

[46] ZHANG Y J, LI J L, GONG Z W, et al. Nitrogen and sulfur co-doped vanadium carbide MXene for highly reversible lithium-ion storage[J]. Journal of colloid and interface science,2021,587:489-498.

[47] ZHAO Y S, YANG N L, YAO H Y, et al. Stereodefined codoping of sp-N and S atoms in few-layer graphdiyne for oxygen evolution reaction[J]. Journal of the

American Chemical Society,2019,141(18):7240-7244.

[48] LIANG G M,WU Z B,DIDIER C,et al. A long cycle-life high-voltage spinel lithium-ion battery electrode achieved by site-selective doping[J]. Angewandte chemie (International Ed in English),2020,59(26):10594-10602.

[49] KRESSE G,FURTHMÜLLER J. Efficient iterative schemes for ab initio total-energy calculations using a plane-wave basis set[J]. Physical review B, 1996, 54 (16): 11169-11186.

[50] KRESSE G, JOUBERT D. From ultrasoft pseudopotentials to the projector augmented-wave method[J]. Physical review B,1999,59(3):1758-1775.

[51] PERDEW J P,BURKE K,ERNZERHOF M. Generalized gradient approximation made simple[J]. Physical review letters,1996,77(18):3865-3868.

[52] BUČKO T,HAFNER J,LEBÈGUE S,et al. Improved description of the structure of molecular and layered crystals: ab initio DFT calculations with van der Waals corrections[J]. The journal of physical chemistry A,2010,114(43):11814-11824.

[53] MONKHORST H J,PACK J D. Special points for Brillouin-zone integrations[J]. Physical review B,1976,13(12):5188-5192.

[54] HENKELMAN G,ARNALDSSON A,JÓNSSON H. A fast and robust algorithm for Bader decomposition of charge density[J]. Computational materials science,2006,36 (3):354-360.

[55] SANVILLE E,KENNY S D,SMITH R,et al. Improved grid-based algorithm for Bader charge allocation[J]. Journal of computational chemistry,2007,28(5):899-908.

[56] QIU B, ZHAO X W, HU G C, et al. Optical properties of graphene/MoS$_2$ heterostructure:first principles calculations[J]. Nanomaterials,2018,8(11):962.

[57] YANG L,DESLIPPE J,PARK C H,et al. Excitonic effects on the optical response of graphene and bilayer graphene[J]. Physical review letters,2009,103(18):186802.

[58] GOODENOUGH J B,KIM Y. Challenges for rechargeable Li batteries[J]. Chemistry of materials,2010,22(3):587-603.

[59] TARASCON J M,ARMAND M. Issues and challenges facing rechargeable lithium batteries[J]. Nature,2001,414(6861):359-367.

[60] GOODENOUGH J B,PARK K S. The Li-ion rechargeable battery:a perspective[J]. Journal of the American Chemical Society,2013,135(4):1167-1176.

[61] ZHU Y H,YIN Y B,YANG D X,et al. Transformation of rusty stainless-steel meshes into stable, low-cost, and binder-free cathodes for high-performance potassium-ion batteries[J]. Angewandte chemie international edition,2017,56(27): 7881-7885.

[62] LIU J H, LIU X W. Two-dimensional nanoarchitectures for lithium storage[J]. Advanced materials,2012,24(30):4097-4111.

[63] ZHANG H. Ultrathin two-dimensional nanomaterials[J]. ACS nano,2015,9(10): 9451-9469.

[64] JANG B,KOO J,PARK M,et al. Graphdiyne as a high-capacity lithium ion battery anode material[J]. Applied physics letters,2013,103(26):263904.

[65] MA Y,XU S,FAN X F,et al. Adsorption of K ions on single-layer GeC for potential anode of K ion batteries[J]. Nanomaterials,2021,11(8):1900.

[66] ER D Q,LI J W,NAGUIB M,et al. $Ti_3C_2$ MXene as a high capacity electrode material for metal (Li,Na,K,Ca) ion batteries[J]. ACS applied materials & interfaces,2014, 6(14):11173-11179.

[67] KGALEMA S P,DIALE M,IGUMBOR E,et al. Enhancement of lithiation on a graphane monolayer through extended H vacancy pathways:an ab initio study[J]. Physica B:condensed matter,2024,673:415490.

[68] QIU Q H,WU S Y,ZHANG G J,et al. First-principles studies of the two-dimensional $1H-BeP_2$ as an electrode material for rechargeable metal ion ($Li^+$, $Na^+$, $K^+$) batteries[J]. Computational materials science,2023,216:111868.

[69] HWANG H J,KOO J,PARK M,et al. Multilayer graphynes for lithium ion battery anode[J]. The journal of physical chemistry C,2013,117(14):6919-6923.

[70] HENKELMAN G,UBERUAGA B P,JÓNSSON H. A climbing image nudged elastic band method for finding saddle points and minimum energy paths[J]. The journal of chemical physics,2000,113(22):9901-9904.

# 4 磷烯及其异质结的电子结构与光学性质调控

2004 年英国曼彻斯特大学 Geim 等成功制备出石墨烯,引发了人们对二维材料的广泛关注。迄今为止,人们已经发现了至少几十种性质截然不同的二维材料,如单层 $TaS_2$、单层 $NbTe_2$、少层 $Bi_2Se_3$、过渡金属二硫化物(TMDCs)、磷烯、六方氮化硼(h-BN)。从电子结构来看,这些二维材料中涵盖了超导体性、金属性、半金属性、拓扑绝缘性、半导体性、绝缘性等属性。将不同的二维材料堆叠起来形成范德瓦耳斯异质结构(图 4-1)[1],可以表现出丰富的电子特性,在纳米电子领域具有潜在的应用价值。

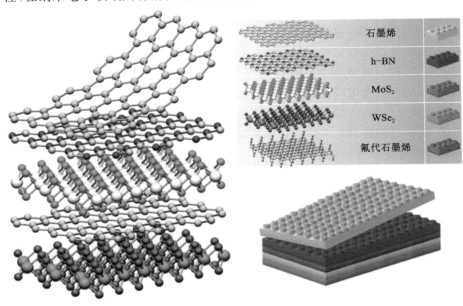

图 4-1　二维材料垂直堆叠示意图[1]

Phuc 等[2]研究了两种不同堆叠构型的石墨烯/g-GaSe 异质结的电子性质,结果表明,石墨烯与 g-GaSe 层间依靠弱的范德瓦耳斯相互作用,使得石墨烯和 g-GaSe 的内在电子特性得到了很好的保留。在石墨烯/g-GaSe 异质结构中,石墨烯层打开了 13 meV 的微小带隙,并且在异质结界面形成了 n 型肖特基接触,肖特基势垒高度为 0.86 eV。此外,还可以通过施加电场、面内应变和层间耦合对肖特基势垒高度和界面接触类型进行调控。当施加的电场大于 0.1 V/Å 或层间距离小于 3.2 Å 时,n 型肖特基接触转变为 p 型肖特基接触。

Zhong 等[3]在理论上首次预测 h-BN 衬底可以打开石墨烯的带隙。在三种不同堆叠方式的石墨烯/h-BN 异质结构型中,AB 构型最为稳定,这种构型使得石墨烯的狄拉克点打开了一个 53 meV 的微小带隙,可以改善室温下石墨烯场效应晶体管(FET)的收缩特性。实验中,研究人员使用角分辨率光电子能谱,进一步观察到了石墨烯/h-BN 异质结构中原始和第二代狄拉克锥的带隙[4],原始狄拉克锥的带隙为 160 meV,第二代狄拉克锥的带隙为 100 meV。这是由于石墨烯与 h-BN 晶格匹配过程中打破了石墨烯的空间反演对称性而形成的。Fu 等[5]研究了石墨烯/MoS$_2$ 异质结的晶格匹配机制、堆叠模式、电子结构和光学性质,发现石墨烯/MoS$_2$ 异质结以晶格匹配的方式具有最低的相对能量,9 种异质结的能带结构非常相似,异质结的最大带隙为 14 meV。与 MoS$_2$ 相比,石墨烯/MoS$_2$ 异质结在可见光范围内的吸收强度有所提高,介电函数在红外光范围内不为零,表明石墨烯/MoS$_2$ 异质结对红外光的吸收能力比 MoS$_2$ 对红外光的吸收能力更强。

磷烯是继石墨烯成功制备以来,第二个从块状材料剥离出来的二维层状材料,具有可调控的带隙和各向异性的光学特征,弥补了石墨烯零带隙的缺陷。已有研究表明,将石墨烯与磷烯垂直堆叠形成的异质结构表现出独特的电子特性。在石墨烯/磷烯/石墨烯三层异质结构中[6],发现两个分裂的狄拉克锥,这两个狄拉克锥不仅具有较大的带隙,而且还具有明显的空间和能量解析性质。由于磷烯层的相对移动,不对称的量子限制引起了不对称的电荷分布,从而导致了石墨烯与磷烯之间的不同耦合强度,使得狄拉克锥具有明显不同的费米速度和不对称因子。Hu 等[7]基于密度泛函理论的第一性原理计算,研究了石墨烯/磷烯异质结构的电子性质,发现异质结构的总能量沿扶手椅形方向略呈周期性,而沿锯齿形方向几乎恒定。在石墨烯/磷烯异质结中观察到具有不同尺寸的带隙,并且电荷从石墨烯转移至磷烯,导致异质结构的费米能级相对于石墨烯的狄拉克点向下移动。更重要的是,即使层间具有范德瓦耳斯相互作用,在带谱中依旧发现了两层之间的强耦合。这些结果有助于进一步了解石墨烯/磷烯范德瓦耳斯异质结构中的层间相互作用和组成机理,并且可以作为纳米电子和光电应用的潜在参考信息。

## 4.1 电场作用下边缘修饰石墨烯纳米带的电子结构

石墨烯是碳原子以 sp$^2$ 杂化形成的呈六角形蜂巢晶格的二维纳米材料。石墨烯具有优异的物理化学性质,在纳米电子器件、新能源材料等方面具有重要的应用前景而引起了科研人员的广泛关注。对石墨烯沿不同方向裁剪可以得到一维石墨烯纳米带(GNR)[8-12]。根据 GNR 边缘的不同形状,可分为锯齿形 GNR(ZGNR)和扶手椅形 GNR(AGNR)。不同结构类型和不同宽度的 GNR 可分别表现出半导体性或者金属性[9-10]。GNR 的电磁性质受其宽度和边缘形状的影响[13-14],同时通过掺杂、吸附、缺陷、边缘修饰、外加电场或磁场等方法能够进一步丰富 GNR 的电磁性质[15-21]。调控 GNR 的电磁性质对于扩展 GNR 在纳米电子器件领域的应用研究具有重要意义。

前期对于 GNR 的研究中,主要是用氢原子进行边缘饱和悬挂键。但是 GNR 具有较强的边缘活性,与元素、化学基团等结合,易于形成局域化的边缘电子态。所以对 GNR 进行边缘修饰是调控 GNR 性质研究的重要手段[22-27]。Gunlycke 等[22]用不同的原子和官能团(H、O、OH 和 NH)对 ZGNR 进行边缘饱和,发现 ZGNR 费米能级附近的电子结构产生明显改变,可以产生半导体性和金属性。对于 AGNR 的边缘用钾原子修饰后[23],AGNR 的电子性质由半导体性转变为金属性。Wi 等[26]研究了单轴拉伸应力作用下的边缘 BN 对称修饰 AGNR 的力学和电子性质,应力和带隙的关系表明电子结构性质对于单轴拉伸应力比较敏感,并主要受纳米带带宽和 BN 位置的影响。边缘 BN 对称修饰,在不改变 AGNR 力学性质的情况下,可以有效地改变 AGNR 的电子性质。这些研究都表明边缘修饰对 GNR 的稳定性及电子特性有极其重要的影响。在边缘修饰的基础上,如何进一步调控石墨烯的性质,是值得探索的科学问题。研究表明,电场也是调控石墨烯电磁性质的重要手段[19-20]。因此,本节以 ZGNR 为研究对象,把边缘修饰和电场相结合,在不同原子 M(M=B,N,Na,Mn)边缘修饰 ZGNR 的基础上,对 ZGNR 施加垂直电场,探索外加不同强度电场对 ZGNR 的结构稳定性和电磁性质的影响规律。

## 4.1.1 计算方法与结构模型

计算采用基于密度泛函理论的第一性原理软件 VASP[28-29]。离子与电子间的相互作用选用投影扩充波方法(PAW)来描述[30],电子间的交换关联能采用广义梯度近似(GGA)下的 PBE 泛函理论进行处理[31],用平面波函数展开处理电子波函数,平面波的截断能设置为 450 eV。为消除石墨烯纳米带周围的镜像影响,在垂直于体系方向添加了厚度为 20 Å 的真空层。通过 Monkorst-Park 自动生成方法在简约布里渊区中产生 $1×11×1$ 个 $k$ 点[32]。采用共轭梯度算法弛豫离子到基态,且离子的弛豫能量收敛标准为 $1.0×10^{-4}$ eV/atom,作用到每个原子上的力的收敛标准为 0.02 eV/Å。对于外加电场的计算,通过偶极子方法 LDIPOL 引入外电场,将偶极子置于结构模型的质心,即设置参数 DIPOL=0.5 0.5 0.5。电场值大小由参数 EFIELD 控制,本节计算分别设置为 EFIELD=0.5 V/Å、1.0 V/Å 和 1.5 V/Å。电场方向由参数 IDIPOL 控制,IDIPOL 为 1、2、3 时分别代表 $x$、$y$、$z$ 方向,本节电场方向垂直于纳米带平面($z$ 方向),即设置 IDIPOL=3。同时,对于边缘修饰单层石墨烯纳米带来说,外加电场垂直于石墨烯纳米带平面(即电场方向与 $z$ 方向平行),而石墨烯纳米带平面在 $x$、$y$ 方向上,根据石墨烯纳米带的对称性,电场沿 $z$ 轴向上和向下的作用效果是一样的,不会对计算结果产生影响,所以本节只计算了电场方向垂直向上的情况。

为研究不同原子种类对不同宽度 ZGNR 的影响,以 $n(n=3、4、5、6、7、8)$ 个 C 原子宽度的 ZGNR 为研究对象,分别用非金属和金属原子 M(M=B、N、Na、Mn)边缘修饰 ZGNR。图 4-2 为 M 原子边缘修饰不同宽度 ZGNR 结构模型,分别记为 [M-ZG]$_3$、[M-ZG]$_4$、[M-ZG]$_5$、[M-ZG]$_6$、[M-ZG]$_7$、[M-ZG]$_8$。

## 4.1.2 结构特性

对所有的边缘修饰 [M-ZG]$_n$ 体系进行结构优化和弛豫,得到最稳定的基态结构。复合体系结构的稳定性取决于其形成能的大小,边缘修饰 [M-ZG]$_n$ 体系的形成能定义为:$E_f = E_T - E_{ZG} - E_M$,其中 $E_f$ 为 [M-ZG]$_n$ 体系的形成能(单位 eV),$E_T$ 为 [M-ZG]$_n$ 体系的总能量(单位 eV),$E_{ZG}$ 为 ZGNR 的能量(单位 eV),$E_M$ 为修饰 M 原子的能量(单位 eV)。表 4-1 给出了 4 种原子边缘修饰不同宽度 ZGNR 的 [M-ZG]$_n$ 体系的形成能。负的形成能表示原子边缘修饰 ZGNR 的过程属于放热过程,能够自发形成稳定结构,且形成能越小,[M-ZG]$_n$ 体系越稳定。由表 4-1 可以得出以下几点结论:第一,非金属原子 B 和 N 修饰的 ZGNR 体系

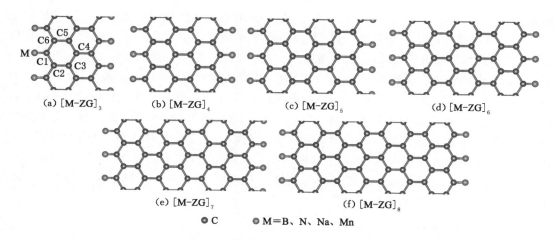

图 4-2    M 原子边缘修饰不同宽度 ZGNR 结构模型（$[M-ZG]_n$）

（$[B-ZG]$ 和 $[N-ZG]$），其形成能小于金属原子 Na 和 Mn 修饰的 ZGNR 体系（$[Na-ZG]$ 和 $[Mn-ZG]$）的形成能，说明非金属原子（B 和 N）边缘修饰 ZGNR 比金属原子（Na 和 Mn）边缘修饰 ZGNR 更为稳定。第二，对于不同的修饰原子（B、N、Na 和 Mn），N 原子边缘修饰 ZGNR 的稳定性最好，Na 原子边缘修饰 ZGNR 的稳定性最差。其中，N 原子边缘修饰 3 个原子宽度的 ZGNR 体系（$[N-ZG]_3$）的形成能最小，Na 原子边缘修饰 6 个原子宽度的 ZGNR 体系（$[Na-ZG]_6$）的形成能最大。第三，随着纳米带宽度的增加（3～8），$[B-ZG]$ 体系的稳定性稍微增加，但变化不大，而 $[N-ZG]$ 体系的稳定性逐渐降低。$[Na-ZG]$ 和 $[Mn-ZG]$ 体系的形成能呈周期性振荡特性。这说明纳米带宽度对金属原子（Na 和 Mn）边缘修饰 ZGNR 体系稳定性的影响较大，而非金属原子（B 和 N）边缘修饰 ZGNR 体系的稳定性受纳米带宽度影响较小。

表 4-1    $[M-ZG]_n$ 体系的形成能                                    单位：eV

| 原子 | $[M-ZG]_3$ | $[M-ZG]_4$ | $[M-ZG]_5$ | $[M-ZG]_6$ | $[M-ZG]_7$ | $[M-ZG]_8$ |
| --- | --- | --- | --- | --- | --- | --- |
| B | −8.026 | −8.032 | −8.038 | −8.043 | −8.048 | −8.040 |
| N | −11.183 | −11.030 | −10.942 | −10.900 | −10.434 | −10.904 |
| Na | −2.940 | −4.814 | −3.988 | −2.534 | −2.543 | −4.020 |
| Mn | −3.750 | −4.596 | −3.743 | −2.772 | −4.641 | −7.021 |

对于原子边缘修饰 ZGNR 的稳定结构，施加垂直于石墨烯纳米带平面的电场，进一步研究电场对结构稳定性的影响。下面以 4 个碳原子宽度的纳米带（$[M-ZG]_4$）为例，计算了不同强度（0.5 V/Å、1.0 V/Å 和 1.5 V/Å）垂直电场作用下 $[M-ZG]_4$ 体系（分别记为 $[M-ZG-0.5]_4$、$[M-ZG-1.0]_4$ 和 $[M-ZG-1.5]_4$）的形成能，结果如表 4-2 所列。随着电场强度的增大，$[B-ZG]_4$ 和 $[Na-ZG]_4$ 体系的形成能越来越大，说明施加电场不利于该体系的结构稳定性。对于 $[N-ZG]_4$ 体系，电场强度对其结构稳定性影响较小。而 $[Mn-ZG]_4$ 体系的形成能随着电场值的增加而减小，稳定性增加。此外，对 $[M-ZG]_n$ 体系中的键长进行了测量，如表 4-3 和表 4-4 所列，施加电场前后的键长变化也证明了上述结构稳定性的变化情况。

表 4-2　不同电场强度下[M-ZG]₄体系的形成能　　　　　　　单位:eV

| 原子 | [M-ZG]₄ | [M-ZG-0.5]₄ | [M-ZG-1.0]₄ | [M-ZG-1.5]₄ |
|---|---|---|---|---|
| B | −8.032 | −8.012 | −7.521 | −5.780 |
| N | −11.030 | −11.019 | −10.809 | −11.269 |
| Na | −4.814 | −2.313 | −1.986 | −0.508 |
| Mn | −4.596 | −3.653 | −6.833 | −8.245 |

表 4-3　[M-ZG]ₙ体系的键长　　　　　　　　　　　　单位:Å

| 键 | [M-ZG]₃ | [M-ZG]₄ | [M-ZG]₅ | [M-ZG]₆ | [M-ZG]₇ | [M-ZG]₈ |
|---|---|---|---|---|---|---|
| B—C1 | 1.521 | 1.508 | 1.506 | 1.506 | 1.505 | 1.506 |
| C1—C2/C6—C1 | 1.422 | 1.421 | 1.422 | 1.422 | 1.421 | 1.422 |
| C2—C3/C5—C6 | 1.440 | 1.437 | 1.436 | 1.436 | 1.435 | 1.435 |
| C3—C4/C4—C5 | 1.419 | 1.420 | 1.420 | 1.420 | 1.420 | 1.420 |
| N—C1 | 1.280 | 1.285 | 1.287 | 1.291 | 1.294 | 1.294 |
| C1—C2/C6—C1 | 1.458 | 1.455 | 1.454 | 1.453 | 1.451 | 1.451 |
| C2—C3/C5—C6 | 1.374 | 1.384 | 1.389 | 1.395 | 1.399 | 1.400 |
| C3—C4/C4—C5 | 1.436 | 1.433 | 1.431 | 1.429 | 1.427 | 1.427 |
| Na—C1 | 2.332 | 2.330 | 2.336 | 2.336 | 2.342 | 2.338 |
| C1—C2/C6—C1 | 1.409 | 1.413 | 1.420 | 1.420 | 1.420 | 1.420 |
| C2—C3/C5—C6 | 1.474 | 1.462 | 1.454 | 1.453 | 1.454 | 1.454 |
| C3—C4/C4—C5 | 1.414 | 1.419 | 1.421 | 1.422 | 1.422 | 1.421 |
| Mn—C1 | 1.877 | 1.937 | 1.925 | 1.839 | 1.928 | 1.928 |
| C1—C2/C6—C1 | 1.422 | 1.417 | 1.418 | 1.425 | 1.419 | 1.419 |
| C2—C3/C5—C6 | 1.440 | 1.449 | 1.441 | 1.429 | 1.439 | 1.439 |
| C3—C4/C4—C5 | 1.420 | 1.419 | 1.421 | 1.423 | 1.421 | 1.421 |

表 4-4　不同电场强度下[M-ZG]₄体系的键长　　　　　　　单位:Å

| 键 | [M-ZG-0.5]₄ | [M-ZG-1.0]₄ | [M-ZG-1.5]₄ |
|---|---|---|---|
| B—C1 | 1.509 | 1.536 | 1.540 |
| C1—C2/C6—C1 | 1.422 | 1.424 | 1.424 |
| C2—C3/C5—C6 | 1.437 | 1.439 | 1.439 |
| C3—C4/C4—C5 | 1.420 | 1.420 | 1.421 |
| N—C1 | 1.285 | 1.283 | 1.280 |
| C1—C2/C6—C1 | 1.455 | 1.456 | 1.455 |
| C2—C3/C5—C6 | 1.386 | 1.382 | 1.381 |
| C3—C4/C4—C5 | 1.432 | 1.434 | 1.434 |
| Na—C1 | 2.337 | 2.326 | 2.354 |
| C1—C2/C6—C1 | 1.416 | 1.410 | 1.415 |

表 4-4(续)

| 键 | [M-ZG-0.5]$_4$ | [M-ZG-1.0]$_4$ | [M-ZG-1.5]$_4$ |
|---|---|---|---|
| C2—C3/C5—C6 | 1.457 | 1.456 | 1.449 |
| C3—C4/C4—C5 | 1.420 | 1.419 | 1.422 |
| Mn—C1 | 1.843 | 1.910 | 1.941 |
| C1—C2/C6—C1 | 1.425 | 1.416 | 1.414 |
| C2—C3/C5—C6 | 1.431 | 1.440 | 1.444 |
| C3—C4/C4—C5 | 1.422 | 1.420 | 1.421 |

## 4.1.3　电子性质

下面通过电荷转移量、差分电荷密度、能带结构和总态密度进一步研究分析电场对边缘修饰 ZGNR 电子性质的影响。表 4-5 给出了[M-ZG]$_n$ 体系的电荷转移量,表 4-6 给出了不同电场强度下[M-ZG]$_4$ 体系的电荷转移量,其中,正值表示电荷从边缘 M 原子转移到石墨烯 C 原子,负值表示电荷从石墨烯 C 原子转移到边缘 M 原子。由表 4-5 可知,首先,[B-ZG]$_n$、[Na-ZG]$_n$ 和[Mn-ZG]$_n$ 体系的电荷转移量大于零,表明电荷从 B、Na 和 Mn 原子转移到邻近的石墨烯 C 原子,[N-ZG]$_n$ 体系的电荷转移量小于零,说明电荷从石墨烯 C 原子转移到边缘 N 原子。其次,对于 4 种不同的原子,电荷转移量基本上不受石墨烯纳米带宽度的影响。对[M-ZG]$_4$ 体系施加垂直电场作用后,由表 4-6 可知,随电场强度的增加,[B-ZG]和[Mn-ZG]体系的电荷转移量增大,[Na-ZG]$_4$ 体系的电荷转移量稍微增大,而[N-ZG]$_4$ 体系的电荷转移量减小(从石墨烯 C 原子转移到边缘 N 原子的电荷减小)。综合来说,电场促进了边缘修饰原子(B、Na 和 Mn)的电荷进一步向石墨烯中的 C 原子转移,阻碍了电荷从石墨烯 C 原子向边缘 N 原子转移。这些结果说明电场有利于增加原子边缘修饰 ZGNR 体系的导电性,对于调控石墨烯的电子结构具有重要作用。

表 4-5　[M-ZG]$_n$ 体系的电荷转移量　　　　单位:e

| 原子 | [M-ZG]$_3$ | [M-ZG]$_4$ | [M-ZG]$_5$ | [M-ZG]$_6$ | [M-ZG]$_7$ | [M-ZG]$_8$ |
|---|---|---|---|---|---|---|
| B | 1.462 | 1.508 | 1.534 | 1.510 | 1.495 | 1.497 |
| N | −1.292 | −1.276 | −1.252 | −1.314 | −1.165 | −1.381 |
| Na | 0.792 | 0.810 | 0.811 | 0.812 | 0.812 | 0.813 |
| Mn | 0.567 | 0.572 | 0.535 | 0.606 | 0.559 | 0.596 |

表 4-6　不同电场强度下[M-ZG]$_4$ 体系的电荷转移量　　　　单位:e

| 原子 | [M-ZG-0.5]$_4$ | [M-ZG-1.0]$_4$ | [M-ZG-1.5]$_4$ |
|---|---|---|---|
| B | 1.497 | 1.545 | 1.698 |
| N | −1.377 | −1.137 | −1.037 |
| Na | 0.779 | 0.741 | 0.793 |
| Mn | 0.522 | 0.529 | 0.705 |

为了直观显示 [M-ZG]ₙ 体系的电荷分布和转移情况,绘制了 [M-ZG]ₙ 体系的差分电荷密度图。图 4-3 为不同原子边缘修饰 5 个原子宽度 ZGNR 的差分电荷密度图,图 4-4 为 Mn 原子边缘修饰不同宽度 ZGNR 体系及不同电场强度下 [Mn-ZG]₄ 体系的差分电荷密度图,其中分图上图为俯视图,下图为侧视图,黄色表示电子聚集,青色表示电子亏损,差分电荷密度等高线增量为 0.007 e/Å³。由差分电荷密度图可以看出,在电荷转移的过程中,电荷在边缘修饰 M 原子和石墨烯边缘 C 原子之间聚集,形成了明显的共价键。这种共价键有利于增强体系的稳定性。相对于 B、Na 和 Mn 原子修饰的体系,在 N 原子修饰的体系中,石墨烯中与 N 原子结合的 C 原子亏损更多的电荷。从图 4-4 中可以看出电子从 Mn 原子附近转移到 ZGNR 的 C 原子附近,并且随着纳米带宽度的增加,电荷转移量逐渐增多。施加垂直电场后,随着电场值的增大,Mn 原子附近亏损更多的电子,说明电场值越大 Mn—C 键的稳定性越强。这些结论进一步证明了上述表 4-5 和表 4-6 中电荷转移情况的正确性。

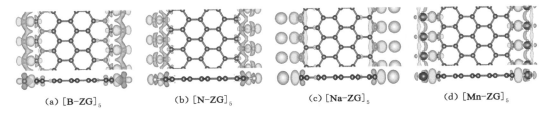

(a) [B-ZG]₅      (b) [N-ZG]₅      (c) [Na-ZG]₅      (d) [Mn-ZG]₅

图 4-3 [M-ZG]₅ 体系的差分电荷密度图

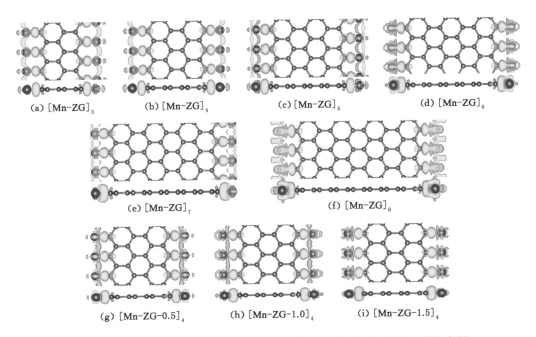

(a) [Mn-ZG]₃      (b) [Mn-ZG]₄      (c) [Mn-ZG]₅      (d) [Mn-ZG]₆

(e) [Mn-ZG]₇      (f) [Mn-ZG]₈

(g) [Mn-ZG-0.5]₄      (h) [Mn-ZG-1.0]₄      (i) [Mn-ZG-1.5]₄

图 4-4 [Mn-ZG]ₙ 体系和不同电场强度下 [Mn-ZG]₄ 体系的差分电荷密度图

接下来,分别绘制了 [Mn-ZG]ₙ 体系和不同电场强度下 [Mn-ZG]₄ 体系的能带图和总态密度图,如图 4-5 和图 4-6 所示。由图 4-5 和图 4-6 对比分析可知,自旋向上和自旋向下的能带是不重合的,表明 [Mn-ZG]ₙ 体系具有磁性。Mn 原子边缘修饰 ZGNR 在费米面附近引入了新的能带,并穿过费米能级,体系表现为典型的金属能带结构。这种金属性质同样也发生在 B、N 和 Na 原子修饰 ZGNR 的体系中。这与前人的相关研究是一致的,在以前的研究中:H 原子边缘修饰的 ZGNR 为金属性;不同原子和官能团(H、O、OH、NH、F、CH$_3$ 和 NO$_2$)边缘修饰的 ZGNR 主要表现为金属性,但也会产生半导体性或者半金属性。但是,对于 Mn 原子边缘修饰的 AGNR,在反铁磁性基态下表现出半导体性,在非磁性和铁磁性基态下表现出金属性,这与本节 Mn 原子边缘修饰的 ZGNR 始终表现为金属性的研究结果是有所不同的。[Mn-ZG]$_n$ 体系的带隙始终为 0 eV,说明其金属特性不受修饰原子种类、纳米带宽度以及外加电场的影响。在无电场作用情况下,电子结构受纳米带宽度变化的影响较

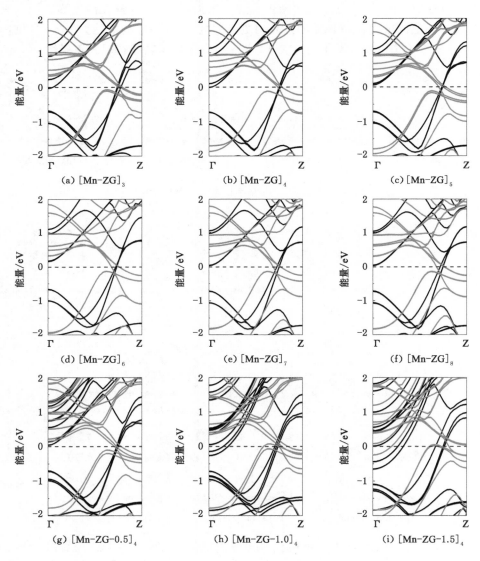

图 4-5 [Mn-ZG]$_n$ 体系和不同电场强度下[Mn-ZG]$_4$ 体系的能带图

(黑线表示自旋向上,红线表示自旋向下,费米能级为 0 eV)

小。在外电场作用下,对于 Mn 边缘修饰同一宽度的 ZGNR,自旋向上的能带逐渐向低能级处移动,而自旋向下的能带逐渐向高能级处移动,最后都越过费米能级,增强了体系的金属性和导电性。而且,随着电场强度的增加,自旋简并程度降低。

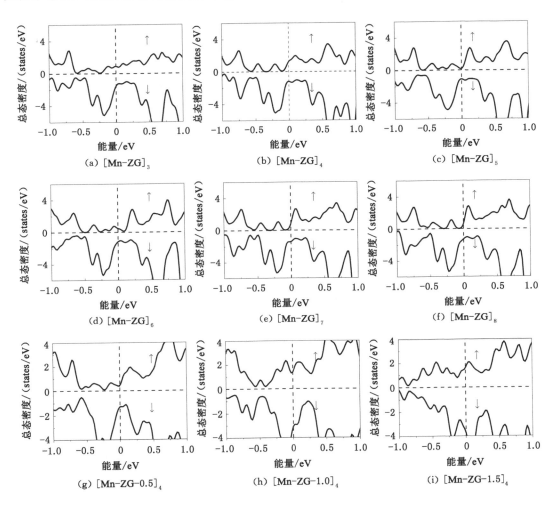

图 4-6 [Mn-ZG]$_n$ 体系和不同电场强度下[Mn-ZG]$_4$ 体系的总态密度图

(向上和向下的箭头分别代表自旋向上和自旋向下总态密度,费米能级为 0 eV)

图 4-7 和图 4-8 分别为[Mn-ZG]$_n$ 体系和不同电场强度下[Mn-ZG]$_4$ 体系的电荷密度图和局部电荷密度图,局部电荷密度指的是某个能量范围内所对应的电荷密度,能够分析特定能量范围内的化学键特征。由图 4-7 和图 4-8 的电荷密度和局部电荷密度分布情况可以看出,电子云形成了扩展态,再结合能带图和总态密度图,可以判定体系的金属性。

图 4-9 为[Mn-ZG]$_n$ 体系和不同电场强度下[Mn-ZG]$_4$ 体系的分波态密度图,由图可进一步看出,过渡金属 Mn 原子的 3d 轨道与 C 原子的 2p 轨道发生杂化,其中 d$_{xy}$ 和 d$_{yz}$ 轨道与 ZGNR 的 σ 键杂化,d$_{xz}$ 和 d$_{z^2}$ 轨道与 ZGNR 的 π 键杂化,在费米能级附近形成稳定化学键。这种轨道间的相互作用有利于边缘修饰体系形成更稳定的结构。

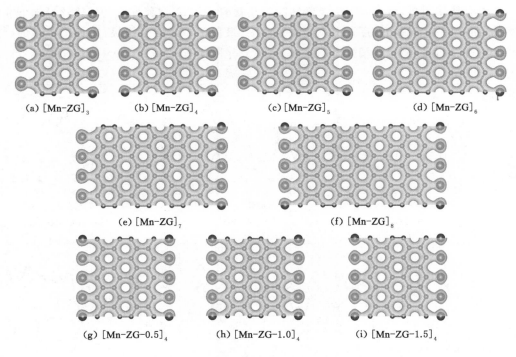

(a) [Mn-ZG]$_3$    (b) [Mn-ZG]$_4$    (c) [Mn-ZG]$_5$    (d) [Mn-ZG]$_6$

(e) [Mn-ZG]$_7$    (f) [Mn-ZG]$_8$

(g) [Mn-ZG-0.5]$_4$    (h) [Mn-ZG-1.0]$_4$    (i) [Mn-ZG-1.5]$_4$

图 4-7　[Mn-ZG]$_n$ 体系和不同电场强度下[Mn-ZG]$_4$ 体系的电荷密度图

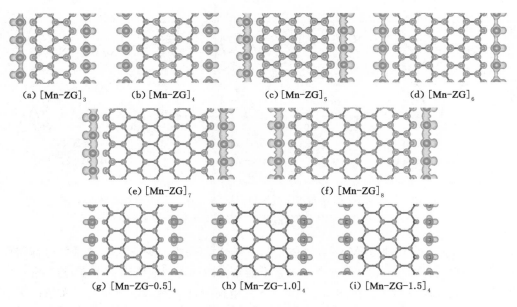

(a) [Mn-ZG]$_3$    (b) [Mn-ZG]$_4$    (c) [Mn-ZG]$_5$    (d) [Mn-ZG]$_6$

(e) [Mn-ZG]$_7$    (f) [Mn-ZG]$_8$

(g) [Mn-ZG-0.5]$_4$    (h) [Mn-ZG-1.0]$_4$    (i) [Mn-ZG-1.5]$_4$

图 4-8　[Mn-ZG]$_n$ 体系和不同电场强度下[Mn-ZG]$_4$ 体系的局部电荷密度图

## 4.1.4　磁学性质

对于非金属原子(B 和 N)和金属原子(Na 和 Mn)边缘修饰的 ZGNR,表 4-7 和表 4-8 分

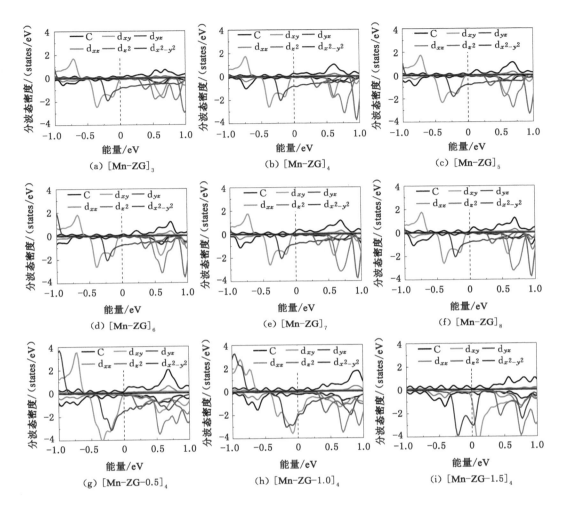

图 4-9 [Mn-ZG]$_n$ 体系和不同电场强度下[Mn-ZG]$_4$ 体系的分波态密度图

（费米能级为 0 eV）

别列出了[M-ZG]$_n$ 体系和不同电场强度下[Mn-ZG]$_4$ 体系的磁矩。本征 ZGNR 是无磁性的,在原子(B、N、Na 和 Mn)边缘修饰后,所有[M-ZG]$_n$ 体系均具有磁性,说明边缘修饰引起了 ZGNR 的磁化。其中 Mn 原子修饰的纳米带[Mn-ZG]$_n$ 体系的磁矩最大,而 Na 原子修饰的纳米带[Na-ZG]$_n$ 体系的磁矩最小。随着 ZGNR 宽度的增加,[N-ZG]$_n$ 和[Na-ZG]$_n$ 体系的磁性逐渐增强,而[B-ZG]$_n$ 和[Mn-ZG]$_n$ 体系磁性变化较小。由表 4-8 可知随着电场强度的增加,N 和 Na 修饰体系的磁矩基本上逐渐在减小,而 B 和 Mn 修饰体系磁矩逐渐增大。图 4-10 为[B-ZG]$_n$ 体系和不同电场强度下[B-ZG]$_4$ 体系的自旋电荷密度图。由图可以看出,[B-ZG]$_n$ 体系的磁性主要来源于非金属 B 原子,在未加电场时,石墨烯中的 C 原子没有磁性,外加垂直电场使得 GNR 边缘 C 原子出现自旋电荷,说明 ZGNR 边缘 C 原子被磁化,且随电场强度增加,体系磁性增强,说明电场可以对边缘修饰的体系磁性进行调控,这为磁性储存介质及自旋电子学材料的应用提供了理论基础。

表 4-7　[M-ZG]$_n$ 体系的磁矩　　　　　　　　　　　　单位：$\mu_B$

| 原子 | [M-ZG]$_3$ | [M-ZG]$_4$ | [M-ZG]$_5$ | [M-ZG]$_6$ | [M-ZG]$_7$ | [M-ZG]$_8$ |
|---|---|---|---|---|---|---|
| B | 0.161 | 0.134 | 0.137 | 0.137 | 0.137 | 0.135 |
| N | 0.088 | 0.229 | 0.268 | 0.532 | 0.569 | 0.585 |
| Na | 0.005 | 0.140 | 0.144 | 0.152 | 0.156 | 0.155 |
| Mn | 6.096 | 6.104 | 6.001 | 5.920 | 6.018 | 6.007 |

表 4-8　不同电场强度下[M-ZG]$_4$体系的磁矩　　　　　　　单位：$\mu_B$

| 原子 | [M-ZG-0.5]$_4$ | [M-ZG-1.0]$_4$ | [M-ZG-1.5]$_4$ |
|---|---|---|---|
| B | 0.142 | 0.305 | 0.457 |
| N | 0.229 | 0.136 | 0.048 |
| Na | 0.125 | −0.017 | 0 |
| Mn | 5.994 | 6.196 | 6.633 |

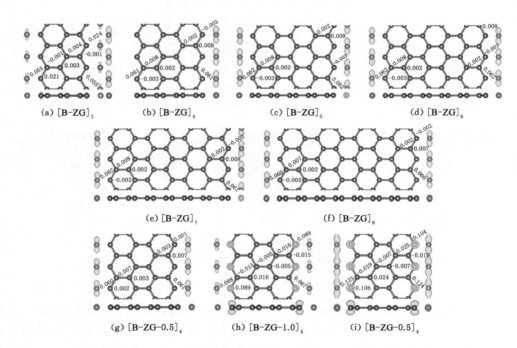

图 4-10　[B-ZG]$_n$ 体系和不同电场强度下[B-ZG]$_4$体系的自旋电荷密度图

（黄色和绿色分别代表多余的自旋向上和自旋向下的电荷；自旋电荷密度等高线增量为 0.009 e/Å$^3$；
数字代表每个原子的磁矩）

## 4.2　过渡金属原子调控双层磷烯纳米带的电子结构性质

由于优异的物理性能和广阔的应用前景，二维磷烯引起了广泛的关注[33-36]。迄今为止，已经报道了磷的各种同素异形体，如 $\alpha$-P（黑磷）、$\beta$-P（蓝磷）、$\gamma$-P、$\delta$-P、$\lambda$-P、$\zeta$-P、$\theta$-P、$\eta$-P、$\varepsilon$-P 和 $\psi$-P[37-41]。黑磷是一种直接带隙半导体，其半导体特性与层数无关[42]。蓝磷是一种平面六边形半导体,其原始结构与硅烯类似,可广泛应用于光电器件领域[43]。ζ-P 具有 4 个 P 原子,呈方形连接,具有动态耐久性[37]。θ-P 可用作有毒分子 HCN 和 ClCN 的传感介质[38]。γ-P 由于 P 原子轨道杂化而具有褶皱结构[41]。Han 等[44]预测的 λ-P,具有 0.7～2.4 eV 范围内的可调带隙,并且具有强烈的光学各向异性。与其他二维材料(如石墨烯、六方氮化硼和过渡金属二硫化物)相比,磷烯具有较高的载流子迁移率、高开关比和可调控的带隙[45-47],这些优异的特性使其成为未来纳米电子和光电子领域的候选材料[48-52]。因此,人们投入大量的精力来探索磷烯[53-68]。

调控二维材料的电子特性对于其在纳米电子领域的应用至关重要。理论研究表明,掺杂和吸附是调节磷烯电子结构和磁性的两种有效方法[58-68]。特别地,对于磷烯与过渡金属(TM)原子之间的相互作用的研究在基于磷烯的纳米电子器件的开发中至关重要[61-68]。Kulish 等[60]已经证明,单层磷烯吸附 TM(Ti、V、Cr、Mn、Fe、Co 和 Ni)原子可以极大地改变磷烯的电子结构并诱导各种磁性。同样,Luo 等[66]研究了 TM(Fe、Co、Ni 和 Cu)原子在单层磷烯上的吸附行为,并指出掺杂 Fe 和 Co 原子可以诱导磁性半导体性质,这可为磷烯在自旋电子学中的应用带来新的可能性。此外,在 Mn、Fe 和 Co 吸附的单层和双层磷烯中[68],Mn 和 Fe 原子在空穴和层间间隙位置处处于高自旋状态,但在谷位置处呈现低自旋,而 Co 原子的自旋态是恒定的,与吸附位点无关。

尽管以上研究已经得出了磷烯与 3d TM 原子之间的相互作用,但仍有一些问题尚未解决。先前的研究主要集中在单层磷烯中 TM 原子的掺杂或吸附,但是很少有研究讨论双层磷烯的吸附问题。更重要的是,通过表面原子吸附的一维磷烯纳米带可能呈现出不同于二维单层磷烯的新特性,3d TM 原子将如何改变双层磷烯纳米带(BPNRs)的性能? 通过 TM 原子吸附来调节双层磷烯的电子结构仍然需要系统的研究。因此,在本节中,使用第一性原理系统地研究了吸附 3d TM 原子的 BPNRs 的几何结构、电子特性和磁性,这些结果对于磷烯在纳米电子学中的应用具有潜在价值。

## 4.2.1　双层磷烯纳米带的几何结构和电子性质

研究时将平面波的截断能设置为 450 eV,以确保获得准确的结果。通过 Monkorst-Park 自动生成方法在简约布里渊区中产生 $6 \times 1 \times 1$ 个 $k$ 点。采用共轭梯度算法弛豫离子到基态,且离子的弛豫能量收敛标准为 $1.0 \times 10^{-4}$ eV/atom,作用到每个原子上的力的收敛标准为 0.02 eV/Å。

双层磷烯是由两个褶皱的磷烯单层通过弱范德瓦耳斯力组成的。由于褶皱的蜂窝状结构,理论上双层磷烯可存在多种堆叠结构,例如 AA、AB、AC、AD、AE 和 AF 堆叠[69]。在 AA 堆叠的双层磷烯中,上层和下层的褶皱六边形直接堆叠在一起,如图 4-11 所示。AA 堆叠的双层磷烯属于正交晶系,其优化后的晶格参数为 $a = 4.460$ Å,$b = 3.300$ Å,$\theta_1 = 97.929°$,$\theta_2 = 103.379°$,$d_1 = 2.187$ Å,$d_2 = 2.253$ Å 和 $d_{int} = 3.400$ Å。计算结果与先前的理论结果较吻合[69-70],表明本节的建模方法和计算参数是合理的。

将 AA 堆叠的双层磷烯切割成 H 钝化的一维锯齿形纳米带,然后对不同宽度($N = 4 \sim 10$)的锯齿形 BPNRs 的几何结构进行优化。弛豫后,BPNRs 的结构从 AA 堆叠转变为 AE 堆叠。这种现象表明,AE 堆叠是一维锯齿形 BPNRs 的最稳定结构,与双层磷烯中最稳定的 AB 堆叠不同[69-70]。另外,通过内聚能验证了 BPNRs($N = 4 \sim 10$)的稳定性,内聚能 $E$ 的

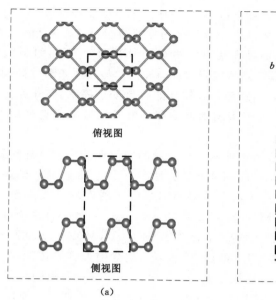
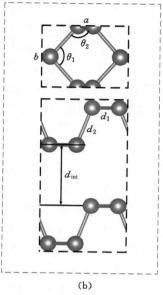

俯视图

侧视图

(a)　　　　　(b)

图 4-11　AA 堆叠的双层磷烯

计算公式如下：

$$E = \frac{1}{n}(E_{\text{BPNRs}} - nE_{\text{P}}) \tag{4-1}$$

其中，$n$ 为 BPNRs 中 P 原子的总数，$E_{\text{BPNRs}}$ 和 $E_{\text{P}}$ 分别为原始 BPNRs 和单个 P 原子的能量（单位 eV）。内聚能的计算结果分别为 $-2.95$ eV/atom、$-2.97$ eV/atom、$-2.99$ eV/atom、$-3.00$ eV/atom、$-3.01$ eV/atom、$-3.01$ eV/atom 和 $-3.01$ eV/atom，负的内聚能表明 BPNRs 是稳定的。

此外，计算了宽度 $N = 4 \sim 10$ 的锯齿形 BPNRs 的电子结构。不同宽度的锯齿形 BPNRs 的带隙如图 4-12 所示。由图可知，所有的 BPNRs 都表现出半导体特性，随着宽度的增加，带隙也有所不同。在较宽的 BPNRs 中，由于弱的量子限制和两个边缘之间的相互作用，带隙随着宽度的增加而逐渐减小，随着宽度接近最大，BPNRs 带隙接近 0.70 eV。不同宽度的 BPNRs 的带隙都小于具有相同宽度的单层磷烯纳米带的带隙[71]。

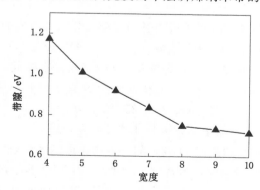

图 4-12　不同宽度的锯齿形 BPNRs 的带隙

图 4-13 以 8 个原子宽度的双层磷烯纳米带(8-BPNRs)为例,给出了价带顶(VBM)和导带底(CBM)的能带结构和局部电荷密度。8-BPNRs 的带隙为 0.75 eV,CBM 位于高对称 Γ 点,而 VBM 位于 Γ 和 Z 点之间,为间接带隙半导体。8-BPNRs 的带隙(0.75 eV)小于 8 个原子宽度的单层磷纳米碳带的带隙(1.14 eV)[71]。局部电荷密度分析表明,VBM 和 CBM 均由 BPNRs 中心区域的 P 原子贡献,这与 8 个原子宽度的锯齿形单层磷烯纳米带相似[71]。但是,VBM 主要是由 P 原子的局域态引起的,而 CBM 主要是由离域态引起的。

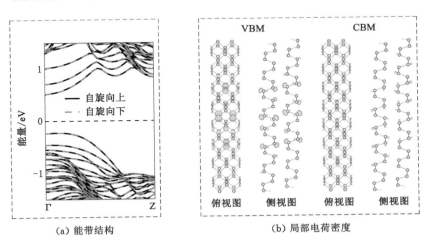

(a) 能带结构　　　　　(b) 局部电荷密度

图 4-13　8-BPNRs 的能带结构和局部电荷密度

(费米能级为 0 eV,并用黑色虚线表示;局部电荷密度等高线增量为 0.002 e/Å³)

## 4.2.2　3d TM 吸附 BPNRs 的结构稳定性

在不同宽度($N$=4~10)的 BPNRs 中,4 个原子宽度的 BPNRs(4-BPNRs)具有 1.17 eV 的最大带隙。以 4-BPNRs 为例,将 3d TM(Sc、Ti、V、Cr、Mn、Fe、Co、Ni 和 Cu)原子插入 4-BPNRs 层间并吸附到洞位,4 个不同 TM 吸附位点的 4-BPNRs([PTMP]$_1$、[PTMP]$_2$、[PTMP]$_3$ 和 [PTMP]$_4$)的几何结构如图 4-14 所示。

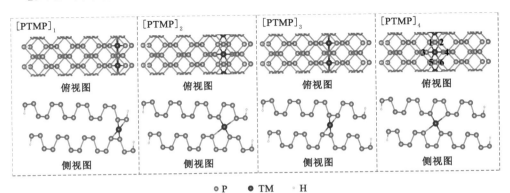

图 4-14　TM 吸附的 4-BPNRs 的几何结构

表 4-9 为[PTMP]$_n$ 体系的吸附能。吸附能 $\Delta E$ 定义为 $\Delta E = E_{PTMP} - E_{TM} - E_{BPNRs}$，其中 $E_{PTMP}$、$E_{TM}$ 和 $E_{BPNRs}$ 分别为[PTMP]$_n$ 体系、孤立的 TM 原子和 BPNRs 的能量（单位 eV）。负的吸附能表明 TM 原子在 BPNRs 上的吸附是放热的，形成的体系具有稳定结构。所有[PTMP]$_n$ 体系的吸附过程都是放热的，吸附能的绝对值越大，表明 TM 原子与 BPNRs 的化学相互作用越强，从而导致体系更稳定。与其他原子（Sc、Ti、V、Cr、Mn、Fe、Co 和 Ni）相比，Cu 原子吸附的 BPNRs 的吸附能（$-5.98 \sim -4.60$ eV）绝对值最小，这种现象与掺杂 TM 的单层磷烯类似[72]。更重要的是，相比于单层磷烯，TM 原子更喜欢吸附在 BPNRs 上[61]。另外，与 TM 在双层石墨烯纳米带上的吸附不同[73]，TM 吸附的 BPNRs 体系具有较低的吸附能，这是因为 P 原子的价电子排列为 $3s^2 3p^3$，其中 3s 轨道中的电子成对，而 3p 轨道中有三个未成对的电子，根据价电子对互斥理论，每个 P 原子都有一个孤对电子，当 TM 原子吸附在 BPNRs，相邻 P 原子上的孤对电子趋于与 TM 牢固结合，从而降低其能量并形成更稳定的结构。

表 4-9　[PTMP]$_n$ 体系的吸附能　　　　　　　　　　单位：eV

| 原子 | [PTMP]$_1$ | [PTMP]$_2$ | [PTMP]$_3$ | [PTMP]$_4$ |
|---|---|---|---|---|
| Sc | $-7.00$ | $-9.18$ | $-9.19$ | $-9.38$ |
| Ti | $-9.17$ | $-10.61$ | $-10.73$ | $-10.67$ |
| V | $-8.50$ | $-10.21$ | $-13.19$ | $-10.26$ |
| Cr | $-6.51$ | $-8.26$ | $-8.15$ | $-7.86$ |
| Mn | $-13.68$ | $-7.84$ | $-7.78$ | $-9.91$ |
| Fe | $-8.50$ | $-9.70$ | $-8.34$ | $-9.73$ |
| Co | $-8.90$ | $-10.31$ | $-10.41$ | $-6.76$ |
| Ni | $-7.07$ | $-10.11$ | $-9.93$ | $-10.33$ |
| Cu | $-4.60$ | $-5.88$ | $-5.81$ | $-5.98$ |

吸附 TM 原子后，4-BPNRs 的几何结构发生了形变，为了进一步了解 TM 原子的相对位置，以[PTMP]$_4$ 为例，表 4-10 列出了 TM 原子与相邻 P 原子之间的键长，其中 $d_{TM-P1}$、$d_{TM-P2}$、$d_{TM-P3}$、$d_{TM-P4}$、$d_{TM-P5}$ 和 $d_{TM-P6}$ 表示 6 个 TM—P 键长（P1、P2、P3、P4、P5 和 P6 在图 4-14 中分别显示为 1、2、3、4、5 和 6）。4-BPNRs 上下层的相对移动因不同类型的 TM 原子而异，[PCoP]$_4$ 的几何结构形变最小，Co 原子与相邻 P 原子之间的键长没有明显改变。此外，对于 Sc、Ti、V、Cr、Mn 和 Fe 原子，发现键长 $d_{TM-P1}$（或 $d_{TM-P2}$）和 $d_{TM-P5}$（或 $d_{TM-P6}$）几乎相等，而键长 $d_{TM-P3}$（或 $d_{TM-P4}$）变化较大。在吸附了 Ni 和 Cu 原子之后，不仅 4-BPNRs 的上下层发生相对移动，Ni 和 Cu 原子的位置也发生了变化，并且 Ni 和 Cu 原子在垂直于纳米带的相反方向移动。

表 4-10　TM 原子与相邻 P 原子之间的键长　　　　　　单位：Å

| 体系 | $d_{TM-P1}$（或 $d_{TM-P2}$） | $d_{TM-P3}$（或 $d_{TM-P4}$） | $d_{TM-P5}$（或 $d_{TM-P6}$） |
|---|---|---|---|
| [PScP]$_4$ | 2.671 | 2.600 | 2.678 |
| [PTiP]$_4$ | 2.552 | 2.470 | 2.549 |

表 4-10（续）

| 体系 | $d_{TM-P1}$（或 $d_{TM-P2}$） | $d_{TM-P3}$（或 $d_{TM-P4}$） | $d_{TM-P5}$（或 $d_{TM-P6}$） |
|---|---|---|---|
| [PVP]$_4$ | 2.511 | 2.380 | 2.512 |
| [PCrP]$_4$ | 2.474 | 2.310 | 2.460 |
| [PMnP]$_4$ | 2.460 | 2.275 | 2.454 |
| [PFeP]$_4$ | 2.306 | 2.237 | 2.612 |
| [PCoP]$_4$ | 2.255 | 3.322 | 2.268 |
| [PNiP]$_4$ | 2.214 | 2.286 | 3.311 |
| [PCuP]$_4$ | 3.361 | 2.391 | 2.322 |

## 4.2.3　3d TM 吸附 BPNRs 的电子结构

为了更深入地了解 BPNRs 和 TM 原子之间的相互作用（化学键特征），绘制了 [PTMP]$_n$ 体系的差分电荷密度图，其中图 4-15 描绘了 TM 原子吸附在 4-BPNRs 中心位置 [PTMP]$_4$ 体系的差分电荷密度，图 4-16 显示了 Mn 原子吸附在 4-BPNRs 的不同洞位 [PMnP]$_n$ 体系的差分电荷密度。这两个图能够从不同 TM 原子吸附在 4-BPNRs 相同位置和相同 TM 原子吸附在 4-BPNRs 不同位置两个方面理解 TM 原子与 BPNRs 之间的相互作用。从图 4-15 和图 4-16 中可以得出以下结论：首先，TM 原子与其相邻的 P 原子之间存在很强的相互作用，P 原子周围聚集了大量电荷，而 TM 原子发生电荷亏损，表明电荷从 TM 原子转移到其相邻的 P 原子，P 原子为受主电子，TM 原子为施主电子，形成了 TM—P 离子键。这些 TM—P 离子键与 TM 吸附的双层石墨烯纳米带和 TM 掺杂的双层石墨烯中的 TM—C 离子键类似[73-74]。其次，在 TM 原子吸附之后，BPNRs 显示出微小形变，受到 TM—P 离子键中 TM 原子的吸引，BPNRs 的上层和下层彼此相对移动。最后，对于相同的 TM 原子吸附在 4-BPNRs 不同洞位，随着 TM 吸附位点从纳米带的边缘移动到中心，BPNRs 的形变更加明显，表明 Mn 和 P 原子之间的相互作用变得更强，导致更多的电荷从 Mn 转移到相邻的 P 原子。

此外，进行了巴德电荷分析，定量地了解电荷转移情况[75]，结果如表 4-11 所列，其中正值表示电荷从 TM 原子转移到 P 原子。对于不同 TM（Cu 原子除外）原子吸附在 4-BPNRs 同一洞位，例如在 [PTMP]$_1$ 体系中，电荷转移量随着原子序数的增加而逐渐减小，[PScP]$_1$ 体系具有最大的电荷转移量，而 [PNiP]$_1$ 体系电荷转移量最小。这是因为电负性按 Sc（1.36）、Ti（1.54）、V（1.63）、Cr（1.66）、Mn（1.55）、Fe（1.83）、Co（1.88）、Ni（1.91）、Cu（1.90）、P（2.19）的顺序增加，Sc 和 P 原子之间的电负性差异最大，而 Ni 和 P 原子之间的电负性差异最小。TM 和 P 原子之间的电荷转移量随着它们之间的电负性差异而增大。在先前关于 Li 原子吸附的双层磷烯的理论研究中也观察到了这种现象[69]。此外，对于相同的 TM 原子吸附在不同的 4-BPNRs 洞位上，电荷转移量的大小几乎与吸附位置无关。显然，电荷分析可以进一步解释 TM 和 P 原子之间的相互作用，这些原子间的相互作用有助于体系形成更稳定的结构。

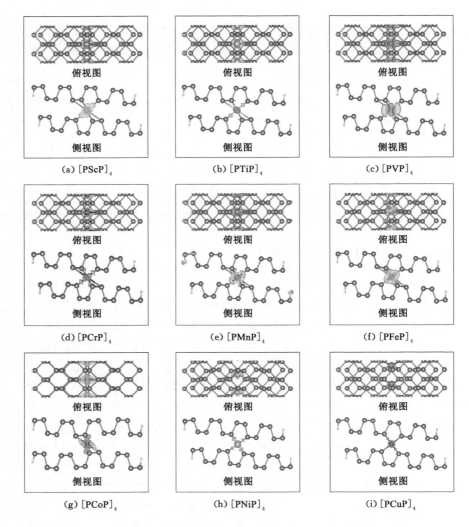

(a) [PScP]$_4$  (b) [PTiP]$_4$  (c) [PVP]$_4$

(d) [PCrP]$_4$  (e) [PMnP]$_4$  (f) [PFeP]$_4$

(g) [PCoP]$_4$  (h) [PNiP]$_4$  (i) [PCuP]$_4$

图 4-15  [PTMP]$_4$ 体系的差分电荷密度图

（青色和黄色分别表示电荷亏损和累积，差分电荷密度等高线增量为 0.01 e/Å$^3$）

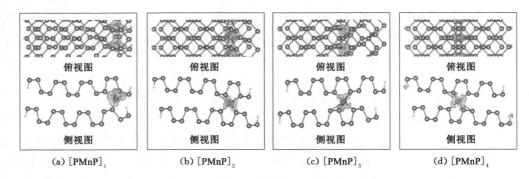

(a) [PMnP]$_1$  (b) [PMnP]$_2$  (c) [PMnP]$_3$  (d) [PMnP]$_4$

图 4-16  [PMnP]$_n$ 体系的差分电荷密度图

（青色和黄色分别表示电荷亏损和累积，差分电荷密度等高线增量为 0.01 e/Å$^3$）

表 4-11　[PTMP]$_n$ 体系的电荷转移量　　　　　　　　单位:e

| 原子 | [PTMP]$_1$ | [PTMP]$_2$ | [PTMP]$_3$ | [PTMP]$_4$ |
|---|---|---|---|---|
| Sc | 2.57 | 2.56 | 2.57 | 2.57 |
| Ti | 2.21 | 2.03 | 2.03 | 2.02 |
| V | 1.75 | 1.66 | 1.62 | 1.61 |
| Cr | 1.37 | 1.16 | 1.16 | 1.24 |
| Mn | 0.72 | 0.74 | 0.78 | 0.91 |
| Fe | 0.27 | 0.44 | 0.30 | 0.50 |
| Co | 0.27 | 0.25 | 0.26 | 0.30 |
| Ni | 0.17 | 0.20 | 0.14 | 0.22 |
| Cu | 0.37 | 0.54 | 0.54 | 0.54 |

为了进一步研究吸附体系的电子结构,计算了 4-BPNRs 体系和 TM 原子吸附在边缘位置([PTMP]$_1$)时 4-BPNRs 体系的能带结构,如图 4-17 所示。从图中可以得出一些结论:首先,在 4-BPNRs 体系中没有发现磁性,并且获得了 1.17 eV 的间接带隙,这与双层磷烯的实验结果(1.15 eV 的直接带隙)不同[72]。其次,在 TM 原子吸附之后,[PTMP]$_1$ 体系呈现出不同的电子结构,可以看出,在费米能级附近存在一些杂质态,这些杂质态主要来自掺杂的 TM 原子,这些 TM 原子引入了更多的电子,从而使 BPNRs 更容易导电。再次,[PTMP]$_1$ 体系在吸附 Sc、Co 和 Cu 原子时表现出金属性质,但是在吸附 Ti、V、Cr、Mn、Fe 和 Ni 时显示出半导体性质,并且带隙逐渐减小,分别为 0.30 eV、0.18 eV、0.19 eV、0.20 eV、0.61 eV 和 0.08 eV。最后,[PTMP]$_1$ 体系中自旋向上和自旋向下的能带不对称,表明通过吸附 Sc、V、Cr 和 Mn 实现了自旋极化态。通过以上分析发现,TM 原子的吸附可以改变磷烯的能带结构,在 TM 原子吸附下发现的磁性半导体特性表明 BPNRs 是一种新型的稀磁半导体材料,可作为潜在的下一代自旋电子学材料。

GGA-PBE 泛函通常会低估半导体和绝缘体的带隙,以图 4-18 中的[PTiP]$_1$ 为例,使用 HSE06 泛函重新计算了[PTiP]$_1$ 体系的总态密度。通过比较 GGA-PBE 和 HSE06 的计算结果,发现带隙从 GGA-PBE 计算中的 0.30 eV 增加到 HSE06 计算中的 0.43 eV,这种低估是可以接受的。因此,即使在更准确的 HSE06 计算下,也认为 Ti、V、Cr、Mn、Fe 和 Ni 原子的吸附体系[PTMP]$_1$ 仍然具有半导体特性。

### 4.2.4　3d TM 吸附 BPNRs 的磁性

原始的单层磷烯是一种非磁性半导体,因此,研究 TM 原子吸附 BPNRs 的磁性特别重要。图 4-19 为[PTMP]$_n$ 体系的磁矩,可以看出 Ni 和 Cu 原子吸附体系均不具有磁性。对于 Ni 原子,最外层有 10 个电子,完全填充了 3d 轨道,形成了 d5↑d5↓ 自旋构型,因此没有净磁矩。而 Cu 原子具有 11 个最外层电子,其中 10 个电子填充了 3d 轨道,剩余 1 个电子被离域,因此没有磁性。这与 Ni 和 Cu 原子吸附的单层磷烯的结果一致[61,66]。对于 Sc 和 Co 原子吸附的 BPNRs,[PScP]$_1$ 和[PCoP]$_2$ 体系的磁矩分别为 $-0.01$ $\mu_B$ 和 0.10 $\mu_B$,可

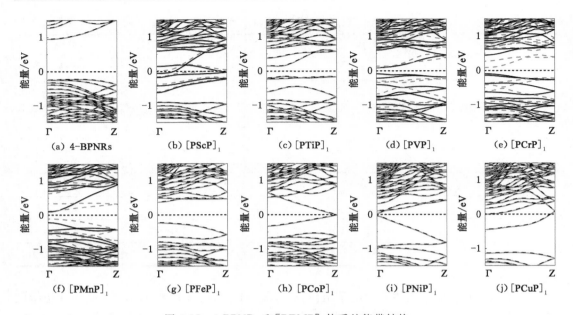

图 4-17　4-BPNRs 和[PTMP]₁ 体系的能带结构

（黑色实线代表自旋向上，红色虚线代表自旋向下；费米能级为 0 eV，并用黑色虚线表示）

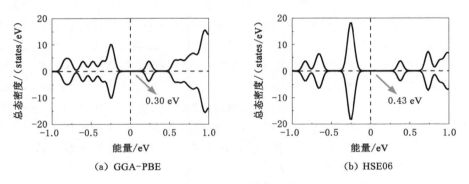

图 4-18　[PTiP]₁ 体系的总态密度

（费米能级为 0 eV）

以忽略不计。此外，图 4-19 清楚地显示[PTiP]₃、[PVP]₁,₂,₃,₄、[PCrP]₁,₄、[PMnP]₁,₃,₄ 和 [PFeP]₄ 体系表现出磁性，这表明 TM 原子的吸附可以改变 BPNRs 的磁性，并且磁性主要来自 TM 原子，特别是在[PTiP]₃ 体系中，磁矩为负（−0.44 $\mu_B$），这种现象称为自旋反平行。上述观察结果证实，TM 杂质的引入是体系磁性产生的主要原因。[PTMP]$_n$ 体系的磁性对于不同的 TM 原子的吸附是不同的，即使对于相同的 TM（例如 V）原子，TM 在不同位置的吸附磁性也有所不同。这些结果为双层磷烯在磁性存储和自旋电子器件中应用提供了理论基础。

　　由图 4-19 可以看出，在所有[PTMP]₁ 体系中，[PCrP]₁ 的磁矩最大，约为 3.62 $\mu_B$，[PVP]₁ 和[PMnP]₁ 体系的磁矩分别为 1.66 $\mu_B$ 和 1.84 $\mu_B$。通过 TM 原子的轨道排列和占据率来解释磁性起源，如图 4-20 所示，在对称晶体场下，TM 原子的 3d 轨道分裂为 5 个单

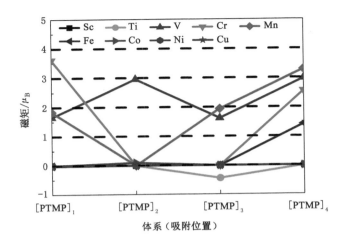

图 4-19　$[PTMP]_n$ 体系的磁矩

一态 $a_1$、$b_{11}$、$b_{12}$、$b_{21}$ 和 $b_{22}$。$b_{11}$ 和 $b_{21}$ 均由 $d_{xy}$ 和 $d_{xz}$ 轨道组成,$b_{12}$ 和 $b_{22}$ 由 $d_{x^2-y^2}$ 和 $d_{yz}$ 轨道组成,$a_1$ 由 $d_{z^2}$ 轨道组成,该轨道与 P 原子的 p 轨道耦合,从而降低了 $d_{z^2}$ 的能量,因此,$a_1$ 态的能量低于其他 4 个单一态的能量。另外,TM 和 P 原子之间的相互作用导致电子从 4s 轨道转移到 3d 轨道。在 V 原子中,电子首先占据 $a_1$ 的自旋向上和自旋向下态,然后依次占据 $b_{11}$、$b_{12}$ 和 $b_{21}$ 的自旋向上态,从而形成了 $d4{\uparrow}d1{\downarrow}$ 自旋构型,磁矩为 $1.66\ \mu_B$。Cr 原子比 V 原子多一个 3d 电子,该 3d 电子占据 $b_{22}$ 自旋向上态,形成 $d5{\uparrow}d1{\downarrow}$ 自旋构型,磁矩增加至 $3.62\ \mu_B$。随着价电子数的进一步增加,Mn 原子中的电子占据所有自旋向上态以及 $a_1$ 和 $b_{11}$ 自旋向下态,从而导致 $d5{\uparrow}d2{\downarrow}$ 自旋构型,由于未成对电子数量的减少,磁矩减小至 $1.84\ \mu_B$。

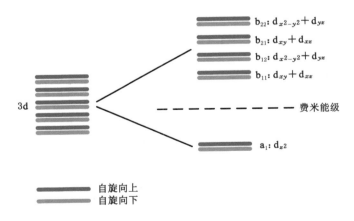

图 4-20　对称晶体场下 TM 原子的 3d 轨道排布
（5 个单一态:$a_1$、$b_{11}$、$b_{12}$、$b_{21}$ 和 $b_{22}$）

进一步分析了 TM 原子的 3d 轨道和 P 原子的 3p 轨道,以解释 $[PTMP]_1$ 体系的磁性质。图 4-21 为 $[PTMP]_1$ 体系的分波态密度(PDOS),由图可以看出,在 Sc 吸附体系中,弱的自旋极化导致较小的磁性。对于 V、Cr 和 Mn 原子,在费米能级附近,TM 原子的 $d_{yz}$ 和 $d_{xz}$ 轨道的 PDOS 与 P 原子的 3p 轨道的 PDOS 非常相似,它们之间存在高度的电子共享,表明 TM 原子的 $d_{yz}$ 和 $d_{xz}$ 轨道与 P 原子的 3p 轨道之间存在 σ 键相互作用,轨道间杂化导致离子键合特性,增强了[PTMP]₁ 体系的稳定性。在 Ti、Fe、Co、Ni 和 Cu 吸附体系[PTMP]₁ 中,自旋向上和自旋向下的 PDOS 完全对称,并且在费米能级附近没有自旋分裂,导致了零磁矩的磁性淬灭,进一步验证了上述磁矩的计算结果。

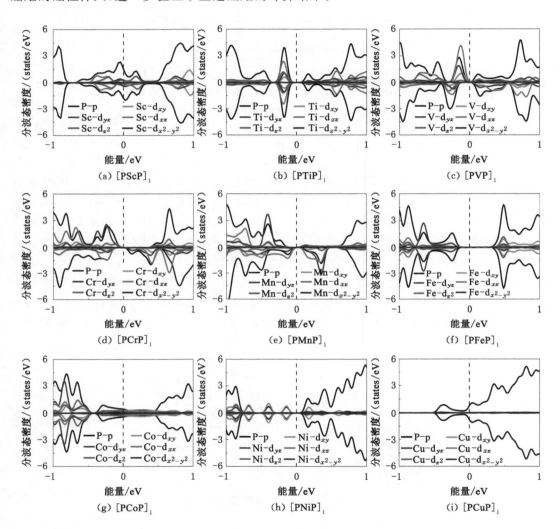

图 4-21　[PTMP]₁ 体系的分波态密度

(费米能级为 0 eV,并用黑色虚线表示)

以 V 原子为例,研究了同一 TM 原子吸附在 BPNRs 不同位置的磁性来源。表 4-12 中列出了[PVP]ₙ 体系的磁矩,其中,$M_{tot}$ 为总磁矩,$M_s$,$M_p$ 和 $M_d$ 分别为 s、p 和 d 轨道的磁矩。[PVP]ₙ 体系的磁性主要来自 V 原子的 3d 轨道,s 和 p 轨道的贡献很小。结合图 4-22 中的分波态密度,可以看出[PVP]₁ 和[PVP]₃ 体系中的磁矩较小,这是由于相反方向的自旋极化引起的。相反,在[PVP]₂和[PVP]₄体系中,V原子的$d_{xz}$轨道在费米能级附近形成尖峰,从而导致较大的磁矩。

表 4-12  [PVP]ₙ 体系的磁矩 　　　　　　　　　　　单位:$\mu_B$

| 磁矩 | [PVP]₁ | [PVP]₂ | [PVP]₃ | [PVP]₄ |
|------|--------|--------|--------|--------|
| $M_{tot}$ | 1.66 | 2.96 | 1.62 | 2.98 |
| $M_s$ | 0.01 | 0.05 | 0.04 | 0.06 |
| $M_p$ | 0.13 | 0.17 | 0.14 | 0.16 |
| $M_d$ | 1.52 | 2.74 | 1.44 | 2.77 |

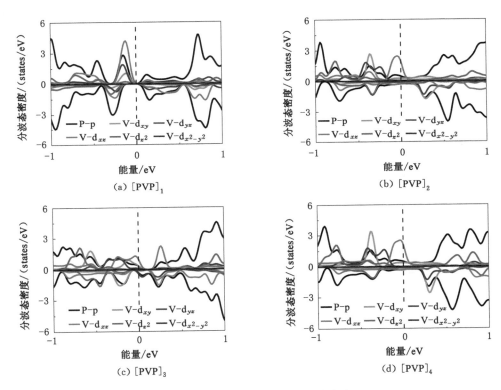

图 4-22  [PVP]ₙ 体系的分波态密度

(费米能级为 0 eV,并用黑色虚线表示)

## 4.3  电场调控石墨烯/磷烯异质结的电子结构和光学性质

石墨烯,一种单原子厚度的二维材料,自 2004 年使用机械剥离法成功制备以来备受关注。在石墨烯内部,每个碳原子贡献一个未成对电子,形成一个垂直于平面层的大 π 键,这种独特的成键方式赋予石墨烯很多优异的性能,比如高载流子迁移率[76-78]、量子霍尔效应[79]、高导热性[80-82]、高比表面积[83],有望应用于下一代光电子和纳米电子器件中。此外,磷烯,另一种二维材料,由于晶格不对称性表现出独特的性能,在光电子学领域同样具有潜在的应用价值[33,84]。除了原始二维材料的优异性能外,将石墨烯与磷烯垂直堆叠,通过范德瓦耳斯相互作用形成的二维异质结具有丰富的电子性质,成为近年来研究的热点[85-87]。

随着石墨烯与磷烯界面距离的变化,石墨烯/磷烯(G/P)异质结具有可变的肖特基势垒和界面接触方式。Hu 等[85]的研究将界面距离从 4.5 Å 减小到 2.8 Å,发现石墨烯的狄拉克点从导带移动到磷烯的价带,表明界面处的肖特基接触从 n 型转变为 p 型,临界层间距为 3.5 Å。Liu 等[86]通过施加平面应力的方法实现了 G/P 异质结界面肖特基势垒的调控,在 $-2\%$ 和 $-4\%$ 应力作用下,肖特基势垒发生突变,从 p 型肖特基接触变为 n 型肖特基接触,势垒高度由 P 原子的 $p_z$ 轨道决定。此外,G/P 还显示出高容量、良好的导电性、出色的锂迁移率和超高的刚度,可以有效避免锂插入后原始材料的变形,大大提高了电池的循环寿命,有望作为锂离子电池的负极材料[87]。

以上研究表明,将石墨烯与磷烯结合,组成超薄异质结,有望显示出不同于单层二维材料的新特性,这些研究促使本节进一步研究 G/P 异质结。然而,迄今为止,电场对 G/P 性能调控的理论研究还很缺乏,因此,在本节中,通过施加垂直电场系统地研究了 G/P 范德瓦耳斯异质结的电子和光学性质,外电场调节 G/P 异质结特性的内在机理为 G/P 纳米光电器件的设计和应用提供了理论指导。

### 4.3.1　计算方法与结构模型

研究时用平面波函数展开处理电子波函数,平面波的截断能设置为 450 eV。通过 Monkorst-Park 自动生成方法在简约布里渊区中产生 $6\times6\times1$ 个 $k$ 点。采用共轭梯度算法弛豫离子到基态,且离子的弛豫能量收敛标准为 $1.0\times10^{-4}$ eV/atom,作用到每个原子上的力的收敛标准为 0.02 eV/Å。

在单层磷烯上堆叠单层石墨烯,可以形成 G/P 异质结,几何结构如图 4-23 所示。石墨烯单层在 $x$ 和 $y$ 方向上的晶格常数分别为 2.46 Å 和 4.26 Å,而磷烯的分别为 3.30 Å 和 4.46 Å,与文献报道的结果较吻合[69-70]。用 $4\times2\times1$ 石墨烯超胞匹配 $3\times2\times1$ 磷烯超胞,晶格失配比在 5% 以内,如此小的晶格失配对范德瓦耳斯异质结的电子性能没有显著的影响[88-89]。另外,在垂直于 G/P 异质结表面,即 $z$ 方向,施加了不同强度(0.2 V/Å、0.4 V/Å、0.6 V/Å 和 0.8 V/Å)的外电场。

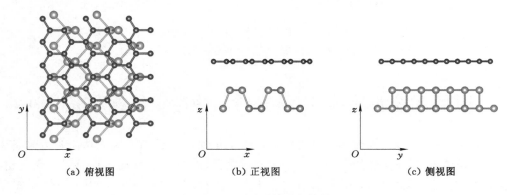

|(a) 俯视图|(b) 正视图|(c) 侧视图|

图 4-23　G/P 异质结几何结构

## 4.3.2 几何性质和电子性质

对 G/P 异质结的几何结构进行优化,结果如图 4-24(a)所示。经过结构优化,G/P 异质结的边缘和中心层间距离分别为 3.440 Å 和 3.483 Å,与 G/P 最稳定的层间距(3.49 Å)比较接近[7],印证了计算结果的合理性。另外,石墨烯与磷烯之间的层间距远大于碳原子与磷原子的共价半径之和,表明磷烯单层通过弱范德瓦耳斯相互作用与石墨烯单层结合。图 4-24(b)中 G/P 异质结的总电荷密度表明,石墨烯层与磷烯层之间没有电子云重叠,再次验证了 G/P 异质结界面处并没有形成共价化学键,与其他二维范德瓦耳斯异质结相似。

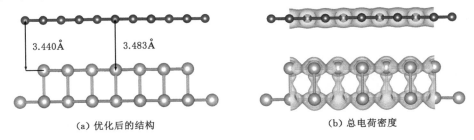

(a) 优化后的结构　　　　　　　　　　(b) 总电荷密度

图 4-24　G/P 异质结优化后的结构与总电荷密度

为了便于比较单层材料和复合异质结电子性能的差异,图 4-25 展示了单层石墨烯、单层磷烯和 G/P 异质结在其最稳定的几何结构中的投影能带。与普通的能带图相比,投影能带可以直观地显示出特定轨道和元素的贡献。由图 4-25(a)可以看出单层石墨烯的狄拉克点位于 G 点和 M 点之间,从而导致零带隙的形成,这与 Li 等[6]的计算结果相同。在费米能级附近,石墨烯的能带结构受碳原子的 $p_z$ 轨道影响,而 s、$p_x$ 和 $p_y$ 轨道贡献较小。对于石墨烯,每个碳原子贡献一个未成对电子,形成一个垂直于石墨烯表面的离域大 π 键,这导致 π 电子与原子核的结合较少,并且能够在石墨烯平面内自由移动,从而导致石墨烯具有出色的电子性能。图 4-25(b)表明单层磷烯是具有 1.02 eV 带隙的 p 型半导体。导带底(CBM)位于高对称布里渊区中 K 点和 G 点之间,由磷原子的 $p_x$ 轨道决定,价带顶(VBM)同样位于 K 点和 G 点之间,由磷原子的 $p_x$ 和 $p_y$ 轨道贡献。在图 4-25(c)、(d)中,对于 G/P 异质结,石墨烯在 $x$ 和 $y$ 方向上经历了不同程度的拉伸,以进行晶格匹配,打破了其原始的空间反转对称性,并产生了微小带隙(约 0.05 eV)。在费米能级附近,石墨烯和磷烯之间的耦合导致狄拉克点具有石墨烯和磷烯的混合态,这种现象在其他基于石墨烯的异质结中是不存在的,例如石墨烯/MoS₂、石墨烯/g-GaSe 和石墨烯/MoSe₂[2,88,90]。以上结果表明,G/P 异质结具有与单层材料不同的优异电子性能,这为设计新的基于石墨烯的异质结并探索其在纳米电子学中的潜在应用提供了理论依据。

研究表明,外电场可以调控异质结的电子性质[91]。施加 0.2 V/Å、0.4 V/Å、0.6 V/Å 和 0.8 V/Å 强度的电场,指定从磷烯层指向石墨烯层的电场方向为正方向(0.2 V/Å、0.4 V/Å、0.6 V/Å 和 0.8 V/Å),反之则为负方向(−0.2 V/Å、−0.4 V/Å、−0.6 V/Å、−0.8 V/Å)。G/P 异质结在不同电场强度下的投影能带结构如图 4-26 所示。施加负电场后[图 4-26(a)～(d)],石墨烯层的狄拉克点相对于 G/P 异质结的费米能级向上移动,导致石墨烯层变成 p 型掺杂,表明石墨烯层在 G/P 异质结的形成过程中失去了电子。随着电场

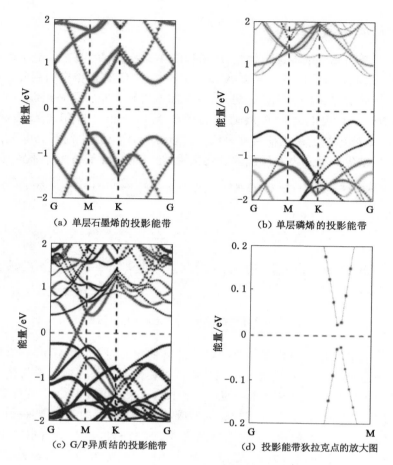

图 4-25　投影能带结构

[（c）图中红色和蓝色线条分别代表石墨烯和磷烯的贡献，费米能级为 0 eV]

强度的增加，石墨烯的 p 型掺杂变得更强。此外，发现磷烯的 CBM 相对于费米能级向下移动，尤其是在 $-0.6$ V/Å 和 $-0.8$ V/Å 的电场强度下，费米能级穿过磷烯层的 CBM。电子从石墨烯层转移到磷烯层，最终导致在 G/P 异质结中形成极化电场，其方向是从石墨烯层到磷烯层。当施加正电场时［图 4-26（e）～（h）］，随着电场强度的减小，在狄拉克点处石墨烯和磷烯之间的耦合现象变得越来越明显。另外，由于外电场和极化电场的叠加作用，G/P 异质结的合电场改变，因此形成了不同的能带结构。

### 4.3.3　光学性质

为了研究 G/P 异质结的光学性质，计算了介电函数，该函数可以表示电子的占据态和非占据态之间的关系，并反映了由不同能级之间的电子跃迁引起的吸收光谱机制。介电函数的张量分量 $\varepsilon(\omega)$ 可以定义为实部 $\varepsilon_r(\omega)$ 和虚部 $\varepsilon_i(\omega)$ 之和：

$$\varepsilon(\omega) = \varepsilon_r(\omega) + i\varepsilon_i(\omega) \tag{4-2}$$

通过介电函数实部和虚部的推导，还可以得到吸收系数 $\alpha(\omega)$、反射系数 $r(\omega)$、折射系数 $n(\omega)$ 和能量损失函数 $l(\omega)$，具体关系式如下：

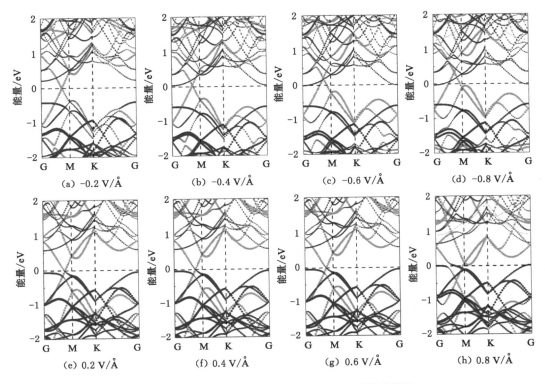

图 4-26　不同电场强度下 G/P 异质结的投影能带结构

（红色和蓝色线条分别代表石墨烯和磷烯的贡献，费米能级为 0 eV）

$$\alpha(\omega) = \sqrt{2}\,\omega \left[ \sqrt{\varepsilon_r^2(\omega) + \varepsilon_i^2(\omega)} - \varepsilon_r(\omega) \right]^{\frac{1}{2}} \tag{4-3}$$

$$r(\omega) = \left| \frac{\sqrt{\varepsilon_r(\omega) + i\,\varepsilon_i(\omega)} - 1}{\sqrt{\varepsilon_r(\omega) + i\,\varepsilon_i(\omega)} + 1} \right|^2 \tag{4-4}$$

$$n(\omega) = \frac{\sqrt{2}}{2} \left[ \sqrt{\varepsilon_r^2(\omega) + \varepsilon_i^2(\omega)} + \varepsilon_r(\omega) \right]^{\frac{1}{2}} \tag{4-5}$$

$$l(\omega) = \frac{\varepsilon_i(\omega)}{\varepsilon_r^2(\omega) + \varepsilon_i^2(\omega)} \tag{4-6}$$

图 4-27 展示了在不同电场强度下介电函数和入射光子的能量之间的关系，其中考虑了三个分量：平行极化方向分量 $\varepsilon^{xx}$、$\varepsilon^{yy}$ 和垂直极化方向分量 $\varepsilon^{zz}$。由图 4-27 可以得出以下结论。

第一，平行极化方向分量 $\varepsilon^{xx}$、$\varepsilon^{yy}$ 相似，而垂直极化方向分量 $\varepsilon^{zz}$ 由于石墨烯和磷烯的特殊几何形状而明显不同。石墨烯是具有蜂窝晶格结构的材料，形成了具有 $sp^2$ 杂化的高度离域的 π 轨道，因此在垂直极化方向上具有量子域。磷烯，由于 $sp^3$ 杂化，形成了褶皱的蜂窝状结构。在 G/P 异质结中，对于低能级（小于 5.0 eV）区域，垂直极化方向分量近似为零，而平行极化方向分量具有明显的峰值。这表明 G/P 异质结的介电函数在垂直和平行极化方向上分别为半导体和金属性质，反映了 G/P 异质结的各向异性光学特征。这类似于单层石墨烯的介电功能特性[92]。

第二，对于垂直极化方向分量 $\varepsilon_r^{zz}$，在没有电场的情况下，负值仅出现在 6.4～10.2 eV

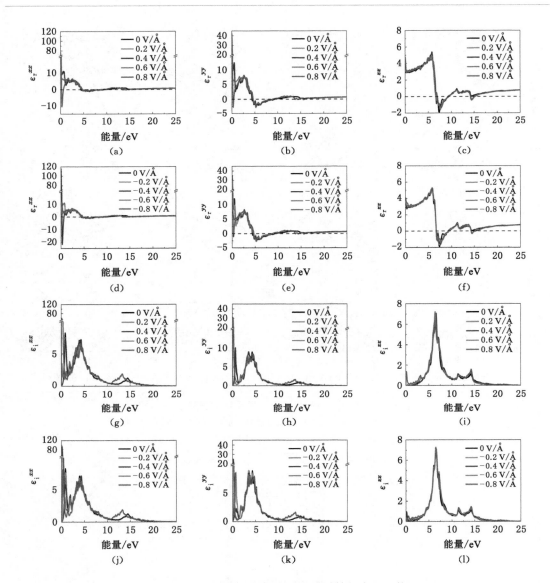

图 4-27　不同电场强度下 G/P 异质结的介电函数

能量范围内,在电场作用下,13.9~15.6 eV 能量范围内出现了一个新的负值区域,在此能量范围内的光无法在介质中传播。结合 G/P 异质结的反射系数,反射系数最大值的位置在该能量范围内。这种现象也发生在平行极化方向分量 $\varepsilon_r^{xx}$ 和 $\varepsilon_r^{yy}$ 中(在 0~0.5 eV 和 4.2~7.5 eV 的范围内)。在这些频率的光子辐射下,材料表现出金属特性,这对 G/P 异质结在基于表面等离激元的元件设计中具有指导意义[93]。

　　第三,对于介电函数的实部,频率为零的介电常数称为静态介电常数,研究表明,静态介电常数可引起更多的可用自由载流子[94]。从图 4-27 中可以看出,静态介电常数对 0.8 V/Å、−0.4 V/Å 和 −0.6 V/Å 的外电场更为敏感,并且迅速增加,特别是对于平行极化方向分量 $\varepsilon_r^{xx}$ 和 $\varepsilon_r^{yy}$。以上结果表明,电场可以有效地改善零频率下 G/P 异质结的载流子迁移率。

　　第四,对于平行极化方向分量 $\varepsilon_r^{xx}$ 和 $\varepsilon_r^{yy}$,峰值主要出现在 0~4.5 eV 范围内。然而,对

于垂直极化方向分量 $\varepsilon_r^{zz}$，峰值移至更高的频率。这是由于在 $z$ 方向上存在较大的真空层，是由 VBM 和 CBM 之间的直接光学转换阈值引起的[95]。

第五，在没有电场的情况下，平行极化方向分量 $\varepsilon_i^{xx}$ 和 $\varepsilon_i^{yy}$ 出现三个峰值，分别在 0.9 eV、3.9 eV 和 14.4 eV 附近，这是由 $\pi \rightarrow \pi*$ 和 $\sigma \rightarrow \sigma*$ 的带间跃迁所致，与单层石墨烯的计算结果相似。但是，对于垂直极化方向分量 $\varepsilon_i^{zz}$，在 11.0 eV 和 14.0 eV 附近出现了两个较大的峰，这与单层石墨烯的不同[92]。因此，石墨烯和磷烯之间的异质结的形成对垂直极化方向的性质具有更大的影响。

第六，在 14.4 eV 能量状态下，平行极化分量 $\varepsilon_i^{xx}$ 和 $\varepsilon_i^{yy}$ 在电场作用下增强，谱线的峰值移至较低的能量状态，但是电场强度对光谱峰的影响很小。在能量大于 20.0 eV 时，介电函数的虚部接近零，表明在此能量范围内电子跃迁的可能性非常小。

图 4-28 反映了不同电场强度下 G/P 异质结的吸收系数随光子能量的变化曲线。在没有施加电场的情况下，平行极化方向分量 $\alpha^{xx}$ 和 $\alpha^{yy}$ 在红外光区（0～1.65 eV）的吸收峰介于 $1.25 \times 10^4 \sim 2.50 \times 10^4$ cm$^{-1}$ 之间。这与其他范德瓦耳斯异质结的吸收系数不同，例如，$C_2N/MoS_2$ 在此能量范围内吸收系数接近于零[96]，说明石墨烯与磷烯组成异质结后，在红外光区具有较好的光吸收特性。另外，垂直极化方向分量 $\alpha^{zz}$ 对红外光的吸收几乎为零，即使在外部电场下也没有明显改善。此外，当晶体的固有振动频率与入射光子的频率一致时，会引起共振，入射光能量会被强烈吸收。对于平行极化方向分量 $\alpha^{xx}$ 和 $\alpha^{yy}$，随着入射光子能量的增加，在 6.7 eV 和 15.0 eV 附近出现了两个较大的峰。在电场作用下，15.0 eV 附近的峰显示出明显的红移，并且峰的值增加（约为 $2 \times 10^5$ cm$^{-1}$），说明电场可以促进该波段的光的吸收。垂直极化方向分量 $\alpha^{zz}$ 的光吸收集中在 5.0～20 eV 的范围内，在 7.2 eV、11.6 eV 和 15.0 eV 附近出现三个吸收峰，其中，15.0 eV 附近的峰值在电场作用下显著增加。

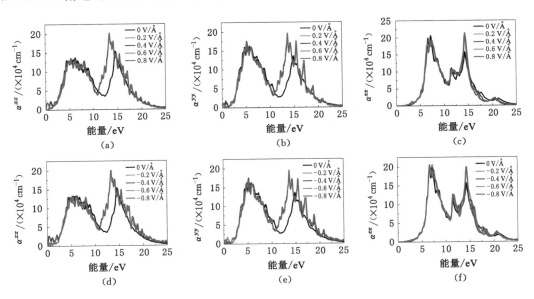

图 4-28　不同电场强度下 G/P 异质结的吸收系数

反射系数决定了材料在反射和防反射设备上的适用性。图 4-29 给出了不同电场强度下

G/P 异质结的反射系数。反射系数峰值的位置与介电函数虚部峰值的位置大致相同。在 12.5 eV 附近的紫外光区,在没有电场的情况下反射系数的值几乎为零,与单层石墨烯的结果相似[92],但是,在电场作用下,反射系数有微小增加。对于平行极化方向分量 $r^{xx}$ 和 $r^{yy}$,在 8.9～15.2 eV 能量范围内,峰值向较低的能量状态移动,从而导致电场下反射光谱的红移。对于垂直极化方向分量 $r^{zz}$,正电场对反射光谱的影响(15.0 eV 附近)与负电场对反射光谱的影响不同。在正电场下,峰值迅速增加,但与电场强度无关。但是,在负电场下,反射光谱会随着光子能量和电场强度的增加而蓝移;此外,峰值减小并且不再受电场影响,直到光谱在 20.0 eV 附近重叠为止。

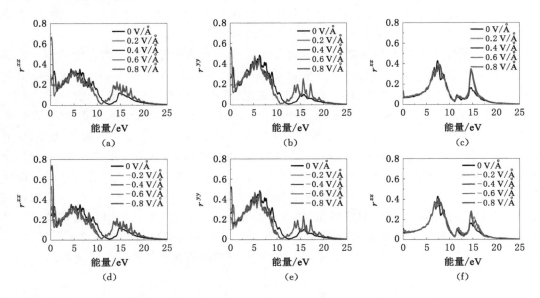

图 4-29　不同电场强度下 G/P 异质结的反射系数

图 4-30 为不同电场强度下 G/P 异质结的折射系数。折射系数的曲线与介电函数实部的曲线相似,但是其强度显著降低。平行极化方向分量 $n^{xx}$ 和 $n^{yy}$ 对光上的折射主要集中在 0～5.0 eV 和 10.0～15.0 eV 范围内,对其他波段的光的折射系数接近常数 1.0。电场对折射系数的影响集中在远红外光区,在 0.8 V/Å、−0.4 V/Å 和 −0.6 V/Å 电场强度下,静态折射系数会增加,这表明在零频率处光的折射会更强。对于垂直极化方向分量 $n^{zz}$,其最大峰值出现在 5.9 eV 附近,并且几乎不受电场的影响,在 15.0 eV 附近达到最小值。在可见光区,G/P 异质结的折射率在 1.38 以上,表明 G/P 异质结是透明的,可用于制造透明电子设备[97-98]。

能量损失函数反映了电子通过均匀介质时的能量损失情况。图 4-31 描绘了三个不同极化方向的能量损失谱,可以看出能量损失函数的峰值集中在 9.8 eV 和 16.3 eV 附近。外电场的引入增加了 16.3 eV 附近紫外光的能量损失,但抑制了 9.8 eV 附近的能量损失,这种抑制对平行极化方向分量 $l^{xx}$ 和 $l^{yy}$ 更加明显。G/P 异质结在平行极化方向上的能量损失谱集中在 5.0～20.0 eV 范围内,相比单层石墨烯的(10.0～17.5 eV)[92]有所展宽。在 0～5.0 eV 范围内,G/P 异质结几乎没有光能量损失,可以被很好地应用于光波导管中。

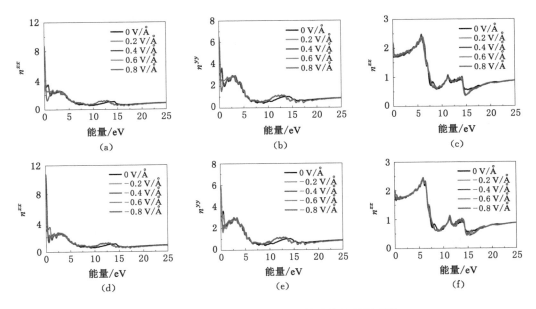

图 4-30 不同电场强度下 G/P 异质结的折射系数

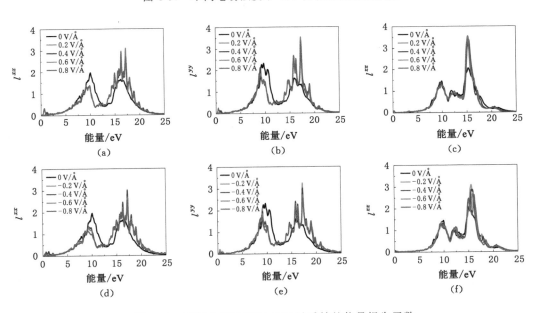

图 4-31 不同电场强度下 G/P 异质结的能量损失函数

## 4.4 本章小结

二维异质结构的研究对纳米材料的发展与应用至关重要,作为二维材料的重要组成部分,石墨烯与磷烯因其优异的光电特性受到了广泛的关注。因此,有必要对石墨烯、磷烯及其异质结构的电子性质和光学性质进行深入的研究。

通过对 B、N、Na 和 Mn 原子边缘修饰 ZGNR 的几何结构及电子性质的研究发现,非金属原子(B 和 N)边缘修饰 ZGNR 比金属原子(Na 和 Mn)边缘修饰 ZGNR 更为稳定。纳米带宽度对金属原子边缘修饰 ZGNR 体系稳定性的影响较大,而对非金属原子修饰体系的稳定性影响较小。外加电场能够影响原子边缘修饰 ZGNR 体系的稳定性,主要原因是电场影响了体系中的电荷转移。原子边缘修饰 ZGNR 体系具有金属特性,且不受修饰原子种类、纳米带宽度的影响,外加电场增强了体系的金属性。电场可以对边缘修饰石墨烯体系的磁性进行有效调控。

对不同宽度($N=4\sim10$)的双层磷烯纳米带(BPNRs)的电子性质研究表明,一维锯齿形 BPNRs,AE 堆叠是其最稳定的结构。所有的 BPNRs 都表现出具有不同间接带隙的半导体特性,且带隙随着纳米带宽度的增加而逐渐减小。TM 原子吸附在 BPNRs 层间可形成稳定结构。原始 BPNRs 是具有间接带隙的半导体,TM 原子的吸附导致 BPNRs 的电子结构发生变化。吸附 Sc、Co 和 Cu 原子后,$[PTMP]_1$ 体系具有的金属性质,吸附 Ti、V、Cr、Mn、Fe 和 Ni 原子后则具有半导体性质。在 $[PTMP]_n$ 体系中,Ni 和 Cu 原子吸附体系均表现出零磁矩。电荷密度、能带结构等分析表明 TM(Sc、Ti、V、Cr、Mn、Fe、Co、Ni 和 Cu)原子能够有效调控 BPNRs 的电子性质和磁性。

石墨烯和磷烯堆叠能够形成稳定的石墨烯/磷烯(G/P)异质结构。G/P 异质结层间依靠弱范德瓦耳斯作用相结合,且具有 0.05 eV 的带隙。外加垂直电场后,正、负电场对 G/P 异质结能带结构产生了不同的影响,电场可以有效调控 G/P 异质结的能带结构。在平行和垂直极化方向,G/P 异质结的介电函数分别表现出金属和半导体性质,表明 G/P 异质结具有显著的各向异性光学特性。外电场的方向和强度对介电函数、吸收系数、反射系数、折射系数和能量损失函数具有不同的影响。

以上研究结果表明,原子边缘修饰、纳米带宽度、过渡金属原子吸附、外加电场等可以有效调控石墨烯、磷烯及其异质结的结构稳定性、电子性质、磁性和光学性质,能够为石墨烯、磷烯等二维材料在纳米电子领域中的应用提供理论基础。

# 参考文献

[1] 於逸骏,张远波. 从二维材料到范德瓦尔斯异质结[J]. 物理,2017,46(4):205-213.

[2] PHUC H V,ILYASOV V V,HIEU N N,et al. Van der Waals graphene/g-GaSe heterostructure:tuning the electronic properties and Schottky barrier by interlayer coupling,biaxial strain,and electric gating[J]. Journal of alloys and compounds,2018, 750:765-773.

[3] ZHONG X L,YAP Y K,PANDEY R,et al. First-principles study of strain-induced modulation of energy gaps of graphene/BN and BN bilayers[J]. Physical review B, 2011,83(19):193403.

[4] WANG E Y,LU X B,DING S J,et al. Gaps induced by inversion symmetry breaking and second-generation Dirac cones in graphene/hexagonal boron nitride[J]. Nature physics,2016,12:1111-1115.

[5] FU S Y,MA Z,HUANG Z H,et al. The first-principles study on the graphene/MoS$_2$ heterojunction[J]. AIP advances,2020,10(4):045225.

[6] LI C,GAO J X,ZI Y B,et al. Asymmetric quantum confinement-induced energetically and spatially splitting Dirac rings in graphene/phosphorene/graphene heterostructure [J]. Carbon,2018,140:164-170.

[7] HU X R,ZHENG J M,REN Z Y. Strong interlayer coupling in phosphorene/graphene van der Waals heterostructure:a first-principles investigation[J]. Frontiers of physics, 2018,13(2):137302.

[8] CAO L M,LI X B,JIA C X,et al. Spin-charge transport properties for graphene/ graphyne zigzag-edged nanoribbon heterojunctions:a first-principles study[J]. Carbon, 2018,127:519-526.

[9] HAN M Y,OZYILMAZ B,ZHANG Y B,et al. Energy band-gap engineering of graphene nanoribbons[J]. Physical review letters,2007,98(20):206805.

[10] 王晓伟,胡慧芳,张照锦,等.边缘裁剪石墨烯纳米带的电子输运性质研究[J].材料导报,2014,28(10):145-148.

[11] 周晨露,郑新亮,郑继明,等.一种基于石墨烯纳米带的半金属材料设计[J].西北大学学报(自然科学版),2014,44(2):201-205.

[12] 孙凯刚,解忧,周安宁,等.扶手椅形石墨烯纳米带吸附钛原子链的电子结构和磁性[J].陕西师范大学学报(自然科学版),2016,44(2):27-32.

[13] RUFFIEUX P,WANG S Y,YANG B,et al. On-surface synthesis of graphene nanoribbons with zigzag edge topology[J]. Nature,2016,531:489-492.

[14] KIMOUCHE A,ERVASTI M M,DROST R,et al. Ultra-narrow metallic armchair graphene nanoribbons[J]. Nature communications,2015,6:10177.

[15] CRUZ-SILVA E,BARNETT Z M,SUMPTER B G,et al. Structural,magnetic,and transport properties of substitutionally doped graphene nanoribbons from first principles[J]. Physical review B,2011,83(15):155445.

[16] 刘小月,李林峰,葛桂贤.二茂铼分子吸附Zigzag型石墨烯纳米带自旋输运性质的理论研究[J].固体电子学研究与进展,2019,39(1):10-16.

[17] 张华林,孙琳,王鼎.含单排线缺陷锯齿形石墨烯纳米带的电磁性质[J].物理学报,2016,65(1):016101.

[18] 解忧,张卫涛,曹松,等.过渡金属原子链对双层石墨烯纳米带的电磁性质的调控[J].陕西师范大学学报(自然科学版),2018,46(6):54-60.

[19] YU X H,XU L,ZHANG J. Topological state engineering by in-plane electric field in graphene nanoribbon[J]. Physics letters A,2017,381(34):2841-2844.

[20] ZHANG W X,LIU Y X,TIAN H,et al. Electric field effect in ultrathin zigzag graphene nanoribbons[J]. Chinese physics B,2015,24(7):076104.

[21] WANG W,LIU R J,LV D,et al. Monte Carlo simulation of magnetic properties of a nano-graphene bilayer in a longitudinal magnetic field [J]. Superlattices and microstructures,2016,98:458-472.

[22] GUNLYCKE D,LI J,MINTMIRE J W,et al. Altering low-bias transport in zigzag-edge graphene nanostrips with edge chemistry[J]. Applied physics letters,2007,91

(11):112108.

[23] MAO Y L, HAO W P, WEI X L, et al. Edge-adsorption of potassium adatoms on graphene nanoribbon:a first principle study[J]. Applied surface science, 2013, 280: 698-704.

[24] LU D B, SONG Y L, YANG Z X, et al. Energy gap modulation of graphene nanoribbons by F termination[J]. Applied surface science, 2011, 257(15):6440-6444.

[25] 孙宇,宋新祥,汪洁生,等. 羟基修饰石墨烯纳米带吸附钠和氯原子的影响[J]. 中国海洋大学学报(自然科学版),2017,47(增刊1):143-149.

[26] WI J H, RI N C, RI S I, et al. Mechanical and electronic properties of armchair graphene nanoribbons with symmetrically double-lines-doped BN under uniaxial tensile strain:ab initio study[J]. Solid state communications, 2019, 300:113644.

[27] 朱朕,李春先,张振华. 功能化扶手椅形石墨烯纳米带异质结的磁器件特性[J]. 物理学报,2016,65(11):118501.

[28] KRESSE G, FURTHMÜLLER J. Efficient iterative schemes for ab initio total-energy calculations using a plane-wave basis set[J]. Physical review B, 1996, 54(16): 11169-11186.

[29] KRESSE G, FURTHMÜLLER J. Efficiency of ab-initio total energy calculations for metals and semiconductors using a plane-wave basis set[J]. Computational materials science, 1996, 6(1):15-50.

[30] KRESSE G, JOUBERT D. From ultrasoft pseudopotentials to the projector augmented-wave method[J]. Physical review B, 1999, 59(3):1758-1775.

[31] PERDEW J P, BURKE K, ERNZERHOF M. Generalized gradient approximation made simple[J]. Physical review letters, 1996, 77(18):3865-3868.

[32] MONKHORST H J, PACK J D. Special points for Brillouin-zone integrations[J]. Physical review B, 1976, 13(12):5188-5192.

[33] LI L K, YU Y J, YE G J, et al. Black phosphorus field-effect transistors[J]. Nature nanotechnology, 2014, 9:372-377.

[34] SAFARI F, MORADINASAB M, FATHIPOUR M, et al. Adsorption of the $NH_3$, $NO$, $NO_2$, $CO_2$, and CO gas molecules on blue phosphorene:a first-principles study [J]. Applied surface science, 2019, 464:153-161.

[35] SU S L, GONG J, FAN Z Q. Selective adsorption of harmful molecules on zigzag phosphorene nanoribbon for sensing applications[J]. Physica E:low-dimensional systems and nanostructures, 2020, 117:113838.

[36] KUMAR U, KUMAR V, ENAMULLAH. Anisotropic nonlinear optical response of phosphorene[J]. Physica E:low-dimensional systems and nanostructures, 2019, 108: 288-295.

[37] BHUVANESWARI R, NAGARAJAN V, CHANDIRAMOULI R. Molecular adsorption studies of diethyl sulfide and ethyl methyl sulfide vapors on ζ-phosphorene nanoribbon:a first-principles insight[J]. Applied surface science, 2020, 534:147597.

[38] JYOTHI M S,NAGARAJAN V,CHANDIRAMOULI R. Investigation on adsorption properties of HCN and ClCN blood agents on θ-phosphorene nanosheets: a first-principles insight[J]. Chemical physics,2020,538:110896.

[39] BHUVANESWARI R, NAGARAJAN V, CHANDIRAMOULI R. Novel green phosphorene sheets to detect tear gas molecules: a DFT insight [J]. Journal of molecular graphics and modelling,2020,100:107706.

[40] SARAVANAN S, NAGARAJAN V, CHANDIRAMOULI R. Alcohol molecular interaction studies on stair phosphorene nanosheets: a first-principles approach[J]. Structural chemistry,2021,32(1):27-36.

[41] PRINCY MARIA J,NAGARAJAN V,CHANDIRAMOULI R. Surface assimilation studies of ethyl methyl sulfide on gamma phosphorene sheets: a DFT outlook[J]. Molecular physics,2020,118(23):e1774089.

[42] LI L K,KIM J,JIN C H,et al. Direct observation of the layer-dependent electronic structure in phosphorene[J]. Nature nanotechnology,2017,12:21-25.

[43] ZHU Z, TOMÁNEK D. Semiconducting layered blue phosphorus: a computational study[J]. Physical review letters,2014,112(17):176802.

[44] HAN W H,KIM S,LEE I H,et al. Prediction of green phosphorus with tunable direct band gap and high mobility[J]. The journal of physical chemistry letters,2017, 8(18):4627-4632.

[45] CAI Y Q,ZHANG G,ZHANG Y W. Layer-dependent band alignment and work function of few-layer phosphorene[J]. Scientific reports,2014,4:6677.

[46] QIAO J S,KONG X H,HU Z X,et al. High-mobility transport anisotropy and linear dichroism in few-layer black phosphorus[J]. Nature communications,2014,5:4475.

[47] LIU H,NEAL A T,ZHU Z,et al. Phosphorene: an unexplored 2D semiconductor with a high hole mobility[J]. ACS nano,2014,8(4):4033-4041.

[48] LIU H,DU Y C,DENG Y X,et al. Semiconducting black phosphorus: synthesis, transport properties and electronic applications[J]. Chemical Society reviews,2015, 44(9):2732-2743.

[49] MIR S H. Exploring the electronic,charge transport and lattice dynamic properties of two-dimensional phosphorene[J]. Physica B:condensed matter,2019,572:88-93.

[50] YANG C H,LI Q F,CHEN Y Y,et al. Orientation and strain dependence of optical absorption in black phosphorene [J]. Physica E: low-dimensional systems and nanostructures,2019,112:1-5.

[51] HUSSAIN F,IMRAN M,RANA A M,et al. Tailoring magnetic characteristics of phosphorene by the doping of Ce and Ti: a DFT study[J]. Physica E: low-dimensional systems and nanostructures,2019,106:352-356.

[52] LE P T T,DAVOUDINIYA M,MIRABBASZADEH K,et al. Combined electric and magnetic field-induced anisotropic tunable electronic phase transition in AB-stacked bilayer phosphorene[J]. Physica E: low-dimensional systems and nanostructures,

2019,106:250-257.

[53] SUN X L,LUAN S,SHEN H Y,et al. Effect of metal doping on carbon monoxide adsorption on phosphorene: a first-principles study [J]. Superlattices and microstructures,2018,124:168-175.

[54] GOULART L,DA S FERNANDES L,LANGE DOS SANTOS C,et al. Electronic and structural properties of black phosphorene doped with Si,B and N[J]. Physics letters A,2019,383:125945.

[55] YANG S, WANG Z Y, DAI X Q, et al. First-principles study of gas molecule adsorption on C-doped zigzag phosphorene nanoribbons [J]. Coatings, 2019, 9 (11):763.

[56] ZHAO Y F, NING J A, HU X Y, et al. Adjustable electronic, optical and photocatalytic properties of black phosphorene by nonmetal doping[J]. Applied surface science,2020,505:144488.

[57] LIU N,LIU J B,WANG S L,et al. Electronic and transport properties of zigzag phosphorene nanoribbons doped with ordered Si atoms[J]. Physics letters A,2020, 384(6):126127.

[58] CHEN N, WANG Y P, MU Y W, et al. A first-principles study on zigzag phosphorene nanoribbons passivated by iron-group atoms[J]. Physical chemistry chemical physics,2017,19(37):25441-25445.

[59] HU T, HONG J S. First-principles study of metal adatom adsorption on black phosphorene[J]. The journal of physical chemistry C,2015,119(15):8199-8207.

[60] KULISH V V, MALYI O I, PERSSON C, et al. Adsorption of metal adatoms on single-layer phosphorene [J]. Physical chemistry chemical physics, 2015, 17 (2): 992-1000.

[61] SUI X L, SI C, SHAO B, et al. Tunable magnetism in transition-metal-decorated phosphorene[J]. The journal of physical chemistry C,2015,119(18):10059-10063.

[62] JIANG X H,ZHANG X W,XIONG F,et al. Room temperature ferromagnetism in transition metal-doped black phosphorous[J]. Applied physics letters,2018,112(19): 192105.

[63] LEI S Y,GUO S J,SUN X L,et al. Capture and dissociation of dichloromethane on Fe, Ni, Pd and Pt decorated phosphorene [J]. Applied surface science, 2019, 495:143533.

[64] WANG Y R, PHAM A, LI S A, et al. Electronic and magnetic properties of transition-metal-doped monolayer black phosphorus by defect engineering[J]. The journal of physical chemistry C,2016,120(18):9773-9779.

[65] WANG Y S,SONG N H,DONG N,et al. Electronic,magnetic properties of 4d series transition metal substituted black phosphorene: a first-principles study[J]. Applied surface science,2019,480:802-809.

[66] LUO Y, REN C D, WANG S K, et al. Adsorption of transition metals on black

phosphorene:a first-principles study[J]. Nanoscale research letters,2018,13(1):282.

[67] RAO Y C,ZHANG P,LI S F,et al. Modulation of electronic and magnetic properties of edge hydrogenated armchair phosphorene nanoribbons by transition metal adsorption[J]. Physical chemistry chemical physics,2018,20(18):12916-12922.

[68] WANG H B,ZHU S S,FAN F R,et al. Structure and magnetism of Mn,Fe,or Co adatoms on monolayer and bilayer black phosphorus[J]. Journal of magnetism and magnetic materials,2016,401:706-710.

[69] HU R N,XU G G,YANG Y M,et al. Effect of stacking structure on lithium adsorption and diffusion in bilayer black phosphorene[J]. Physical review B,2019,100(8):085422.

[70] DAI J,ZENG X C. Bilayer phosphorene:effect of stacking order on bandgap and its potential applications in thin-film solar cells[J]. The journal of physical chemistry letters,2014,5(7):1289-1293.

[71] GUO H Y,LU N,DAI J,et al. Phosphorene nanoribbons,phosphorus nanotubes,and van der Waals multilayers[J]. The journal of physical chemistry C,2014,118(25):14051-14059.

[72] HASHMI A,HONG J S. Transition metal doped phosphorene:first-principles study [J]. The journal of physical chemistry C,2015,119(17):9198-9204.

[73] XIE Y,ZHANG W T,CAO S,et al. First-principles study of transition metal monatomic chains intercalated AA-stacked bilayer graphene nanoribbons[J]. Physica E:low-dimensional systems and nanostructures,2019,106:114-120.

[74] XIE Y,CAO S,WU X,et al. Density functional theory study of hydrogen sulfide adsorption onto transition metal-doped bilayer graphene using external electric fields [J]. Physica E:low-dimensional systems and nanostructures,2020,124:114252.

[75] HENKELMAN G,ARNALDSSON A,JÓNSSON H. A fast and robust algorithm for Bader decomposition of charge density[J]. Computational materials science,2006,36 (3):354-360.

[76] NOVOSELOV K S,GEIM A K,MOROZOV S V,et al. Electric field effect in atomically thin carbon films[J]. Science,2004,306(5696):666-669.

[77] JANANI K,JOHN THIRUVADIGAL D. Density functional study on covalent functionalization of zigzag graphene nanoribbon through L-phenylalanine and boron doping:effective nanocarriers in drug delivery applications [J]. Applied surface science,2018,449:815-822.

[78] SHINDE P P,GRÖNING O,WANG S Y,et al. Stability of edge magnetism in functionalized zigzag graphene nanoribbons[J]. Carbon,2017,124:123-132.

[79] NOVOSELOV K S,GEIM A K,MOROZOV S V,et al. Two-dimensional gas of massless Dirac fermions in graphene[J]. Nature,2005,438:197-200.

[80] CAI W W,MOORE A L,ZHU Y W,et al. Thermal transport in suspended and supported monolayer graphene grown by chemical vapor deposition[J]. Nano letters,

2010,10(5):1645-1651.

[81] FAUGERAS C,FAUGERAS B,ORLITA M,et al. Thermal conductivity of graphene in Corbino membrane geometry[J]. ACS nano,2010,4(4):1889-1892.

[82] XU X F,PEREIRA L F C,WANG Y,et al. Length-dependent thermal conductivity in suspended single-layer graphene[J]. Nature communications,2014,5:3689.

[83] BONACCORSO F,COLOMBO L,YU G H,et al. Graphene,related two-dimensional crystals,and hybrid systems for energy conversion and storage[J]. Science,2015,347 (6217):1246501.

[84] WOOMER A H,FARNSWORTH T W,HU J,et al. Phosphorene:synthesis,scale-up,and quantitative optical spectroscopy[J]. ACS nano,2015,9(9):8869-8884.

[85] HU W,YANG J L. First-principles study of two-dimensional van der Waals heterojunctions[J]. Computational materials science,2016,112:518-526.

[86] LIU B,WU L J,ZHAO Y Q,et al. Tuning the Schottky contacts in the phosphorene and graphene heterostructure by applying strain[J]. Physical chemistry chemical physics,2016,18(29):19918-19925.

[87] GUO G C,WANG D,WEI X L,et al. First-principles study of phosphorene and graphene heterostructure as anode materials for rechargeable Li batteries[J]. The journal of physical chemistry letters,2015,6(24):5002-5008.

[88] LIU B,WU L J,ZHAO Y Q,et al. First-principles investigation of the Schottky contact for the two-dimensional $MoS_2$ and graphene heterostructure[J]. RSC advances,2016,6(65):60271-60276.

[89] WU L Y,LU P F,BI J Y,et al. Structural and electronic properties of two-dimensional stanene and graphene heterostructure[J]. Nanoscale research letters,2016,11(1):525.

[90] ZHANG F,LI W,MA Y Q,et al. Strain effects on the Schottky contacts of graphene and $MoSe_2$ heterobilayers[J]. Physica E:low-dimensional systems and nanostructures,2018,103:284-288.

[91] YU C,CHENG X X,WANG C Y,et al. Tuning the n-type contact of graphene on Janus MoSSe monolayer by strain and electric field[J]. Physica E:low-dimensional systems and nanostructures,2019,110:148-152.

[92] RANI P,DUBEY G S,JINDAL V K. DFT study of optical properties of pure and doped graphene[J]. Physica E:low-dimensional systems and nanostructures,2014,62:28-35.

[93] ZHANG X D,GUO M L,LI W X,et al. First-principles study of electronic and optical properties in wurtzite $Zn_{1-x}Cd_xO$[J]. Journal of applied physics,2008,103 (6):063721.

[94] KUMAR JAIN S,SRIVASTAVA P. Optical properties of hexagonal boron nanotubes by first-principles calculations[J]. Journal of applied physics,2013,114(7):073514.

[95] GUO L,ZHANG S T,FENG W J,et al. A first-principles study on the structural,

elastic, electronic, optical, lattice dynamical, and thermodynamic properties of zinc-blende CdX(X = S, Se, and Te)[J]. Journal of alloys and compounds, 2013, 579: 583-593.

[96] GUAN Z Y, LIAN C S, HU S L, et al. Tunable structural, electronic, and optical properties of layered two-dimensional $C_2N$ and $MoS_2$ van der Waals heterostructure as photovoltaic material[J]. The journal of physical chemistry C, 2017, 121(6): 3654-3660.

[97] KUZMENKO A B, VAN HEUMEN E, CARBONE F, et al. Universal optical conductance of graphite[J]. Physical review letters, 2008, 100(11): 117401.

[98] NAIR R R, BLAKE P, GRIGORENKO A N, et al. Fine structure constant defines visual transparency of graphene[J]. Science, 2008, 320(5881): 1308.

# 5 BCN 基异质结的性质调控及其太阳电池光电转换效率

## 5.1 二维范德瓦耳斯异质结研究现状

随着传统三维半导体材料在器件中的尺寸不断缩小到纳米级别,各类微电子产品的功能、体积以及能耗进一步得到优化和升级。探索尺寸更小且性能更高的微电子元器件在集成电路技术中的应用成为主要研究热点。然而,随着摩尔定律被打破,传统的三维材料由于其量子隧穿效应和缺陷所引起的寄生效应,使得微电子器件发展进入了瓶颈期。为了突破这一瓶颈,研究者们做出了大量的努力。其中,二维材料由于其独特的平面结构、较强的机械性能以及优异的电子性质引起了科技工作者的关注。研究表明,二维材料相较于三维材料具有更加优异的特性,在纳米电子、光电子以及超导等领域具有重要应用价值。特别是,二维范德瓦耳斯异质结材料,不仅可以代替传统的 PN 结作为逻辑电路元件,而且在光电器件、半导体发光器件以及催化剂等方面都具有极大的应用潜力。

异质结通常分为纵向叠加型和横向连接型,如图 5-1 所示[1-2]。二维范德瓦耳斯异质结作为纵向异质结的一种,是由不同二维材料通过层间的面相互作用组合而成的,其层间仅存在范德瓦耳斯力相互作用。这种弱的相互作用并不会改变单层材料本身特有的性质,但由于层间的相互影响,范德瓦耳斯异质结具有相比于单层材料更加优异的电子、光学和磁学性质。而二维横向异质结由于其界面处具有相较于二维范德瓦耳斯异质结更强的相互作用,将会展现出与单层材料完全不同的电子结构和输运性质。Geim 等[3]对范德瓦耳斯异质结的开创性工作激发了人们对众多二维层状材料的研究兴趣,这些材料包括石墨烯、过渡金属二硫族化合物(TMDCs)、六方氮化硼(BN)、二维钙钛矿等。这些材料的性质涵盖了从绝缘体到具有可调带隙的半导体,再到导体和超导体的性质。这些独特的性质使其在电子、光电子、光催化等领域都有巨大的应用潜力,受到了极大的关注。同时,由于范德瓦耳斯异质结独特的相互作用方式,它可以在不受晶格常数匹配限制的情况下通过相互堆叠形成具有多种特性的材料,开辟了创造具有新的物理现象和独特功能的异质结的新领域。大量研究表明,通过机械应变、界面扭转、外加电场、改变叠加模式、激光照射、外加压力、调控层间距等调控方式,可以进一步优化范德瓦耳斯异质结的特性,提升其应用潜力。

异质结两层或多层之间的相互作用,会产生出相较于单层材料更加优异的性能,激发了人们对于范德瓦耳斯异质结的探索和研究。Hu 等[4]通过第一性原理研究了磷烯/石墨烯异质结的电子性质,利用哈密顿模型解释了该异质结中强耦合的原因,为进一步了解二维范

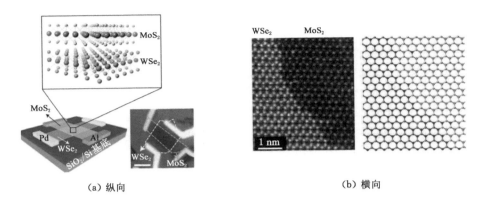

（a）纵向　　　　　　　　　　　（b）横向

图 5-1　纵向异质结与横向异质结[1-2]

德瓦耳斯异质结的层间相互作用和组成机制打下了扎实基础。Xue 等[5]研究了半氢化石墨烯和拓扑绝缘体 $Bi_2Se_3$ 形成的异质结的电子结构,发现由于时间反演对称性的破坏导致了半氢化石墨烯/$Bi_2Se_3$ 异质结表面态分别打开了 40 meV 的间隙,此外还发现了由半氢化石墨烯引起的巨大的 Rashba 自旋劈裂。

由于层间相互作用的影响,范德瓦耳斯异质结的电子结构相较于单层会有一定的重构,这样的重构将会改变电子的跃迁路径,从而直接影响到异质结的光学性质和光电性质。Liu 等[6]利用第一性原理研究了双轴应变和层间距调控对砷烯/$MoTe_2$ 异质结的电子结构和光学性质的影响,发现双轴应变和层间距可以有效调节砷烯/$MoTe_2$ 异质结的带隙。砷烯/$MoTe_2$ 异质结在应变与层间距调控的影响下由半导体转变为金属,具有优异的可见光和紫外光响应能力,在新一代光电器件的应用中具有巨大潜力。BP/g-GaN 异质结展现出 Ⅱ 型带边对齐,使得光生电子与空穴有效分离,同时 BP/g-GaN 异质结在可见光区以及紫外光区都表现出了非凡的吸收特性。这些特性体现出 BP/g-GaN 异质结在下一代光电材料方面具有较大的应用潜力。

二维范德瓦耳斯异质结在热载流子二极管中的应用也具有很大潜力,其独特的接触类型使得二维范德瓦耳斯异质结有望成为下一代低功耗、大电流、超高速的半导体器件。Phuc 等[7]的研究表明石墨烯/磷烯异质结具有较小的肖特基势垒,同时垂直电场不仅可以调控肖特基势垒的大小,还可以控制肖特基接触类型从 p 型向 n 型转变,这一发现为石墨烯/磷烯异质结在下一代纳米电子和光电子器件中的应用开辟了新的途径。同时有研究表明[8],外加应变和垂直电场会使得 $MoS_2$/$Ti_2C$ 异质结载流子有效质量呈现出各向异性,单轴和双轴拉伸应变使得 $MoS_2$/$Ti_2C$ 异质结输运性质增强,但外加电场会减弱 $MoS_2$/$Ti_2C$ 异质结的输运性质。对于石墨烯/$MoSe_2$ 异质结的研究表明[9],由于弱的范德瓦耳斯相互作用,石墨烯和 $MoSe_2$ 的固有性质都被保留,此外石墨烯/$MoSe_2$ 异质结在外加应变的作用下,从 n 型肖特基接触转为 p 型肖特基接触,同时石墨烯/$MoSe_2$ 异质结在外加应变的作用下无法转变为欧姆接触。这一发现为探索石墨烯异质结在纳米电子器件中的潜在应用提供了一条可靠途径。

二维范德瓦耳斯异质结中,电子与空穴可以在层间转移,从而打破传统三维材料或单层二维材料中电子与空穴之间的库伦相互作用,提供更多的自由电子。这一特性使得二维范德瓦耳斯异质结在新一代催化材料与光电器件方面具有极大的发展潜力。大量研究已经证实,二维范德瓦耳斯异质结在光电器件以及催化材料方面具有优异性能。Liu 等[10]对 GeSe/AsP 异质结的研究表明,GeSe/AsP 异质结为 II 型异质结且具有 1.10 eV 的间接带隙,可以极大地促进光生载流子的分离,且异质结内部所形成的内建电场可以有效地阻止光生电子与空穴的复合。他们预测 GeSe/AsP 异质结的太阳能转换效率(PCE)为 16.00%,且在应变的作用下 GeSe/AsP 异质结的 PCE 可以提升至 17.10%。Wang 等[11]将具有较高载流子迁移率的黑磷与单层 MoSe_2 通过堆叠的方式构成范德瓦耳斯异质结,并对该异质结的光电特性与黑磷/MoS_2 异质结进行对比。通过对比发现,黑磷/MoSe_2 异质结表现出更强的光电特性,具有更强的光吸收强度和更宽的吸收范围,实现了更高的 PCE,最高可达 23.04%,为下一代高比功率薄膜太阳电池提供了可行的解决方案。对于 $Sb_2S_3/Sb_2Se_3$ 范德瓦耳斯异质结的研究表明[12],$Sb_2S_3/Sb_2Se_3$ 范德瓦耳斯异质结具有典型的 II 型带边对齐,并且在可见光区和紫外光区具有良好的吸收性能,具有 28.20% 的超高 PCE。Wang 等[13]将具有高效率的氮化碳(CNs)与无金属石墨炔(GDY)组成范德瓦耳斯异质结,通过实验与第一性原理计算研究表明,CNs/GDY 异质结促进了光生载流子的输运,抑制了光生电子与空穴的复合,与单层的 CNs 相比,CNs/GDY 异质结具有更强的对 $CO_2$ 的吸附能力,同时 CNs/GDY 异质结的 CO 生成速率为单层 CNs 的 CO 生成速率的 19.2 倍,为高催化活性的无金属范德瓦耳斯异质结光催化剂提供了可行途径。GaP/GaAs 异质结同样表现出了相较于单层更优异的光吸收性质[14],同时 GaP/GaAs 异质结拥有良好的热稳定性,具有很高的实验实现潜力。更重要的是 GaP/GaAs 异质结的光激发电子可以自发的诱导分解,为水分解光催化剂提供了有效方法。

可见,二维范德瓦耳斯异质结在纳米电子、光电材料以及催化材料方面都有着无与伦比的优势。同时大量的科技工作者对于二维范德瓦耳斯异质结的探索与研究,为二维范德瓦耳斯异质结材料的应用贡献了一个又一个全新的思路与方法。

近些年来,二维材料取得了许多的研究突破[15-19],包括石墨烯[20-24]、六方氮化硼(h-BN)[25-29]、过渡金属硫化物[30-31]、层状双氢化物[32]、黑磷[33-34]等。在这些二维材料中,类石墨烯单层纳米材料 $BC_6N$ 通过双步硼化的方法被成功制备出来[35]。$BC_6N$ 的几何结构与石墨烯的几何结构类似,是具有直接带隙(约 1.8 eV)的半导体,并且具有优异的机械、热电和光学性能,以及高载流子迁移率、热导率和热稳定性[36-42]。$BC_6N$ 在生物传感器、光催化剂、能量转换、存储装置和阳极材料等纳米电子材料方面的应用极具潜力。

值得注意的是,一些基于单层 $BC_6N$ 的范德瓦耳斯异质结在近些年被提出并研究。$BC_6N$/黑磷异质结表现出 II 型的能带对齐,并且由于 Stark 效应,其带隙与带边对齐都可以有效地被电场调控[43]。在 $BC_6N/BC_3$ 异质结中,由于 p-共轭电子的离域性使得该异质结表现出高的载流子迁移率,从而促进了光催化反应。因此,$BC_6N/BC_3$ 异质结在光解水催化剂材料方面具有极大的应用潜力[44]。由石墨烯/$BC_6N$/石墨烯异质结所构建的隧道晶体管,在室温偏置电压为 0.6 V 时,其电流调制大于 $10^6$ 这一量级,从而显示了其在低功耗和高性能电子器件中的潜在应用[45]。

二维 BN,由于其独特的化学和物理特性而被广泛研究。尽管 BN 的几何结构与石墨烯的几何结构类似,但是,与石墨烯相比 BN 由不同的组成成分构成,具有高度多样的物理性质。最值得注意的是,BN 具有更好的化学和热稳定性(在大气中高达 1 000 ℃,在真空中高达 1 400 ℃)[46],体现出其超高的抗氧化性[47]和突出的光学特性,同时也具有优异的导热系数[484 W/(m·K)]和优异的力学性能[48-49]。与石墨烯相比,BN 表现出显著不同的电子特性,约 5.0 eV 的宽带隙使得 BN 成为电绝缘体,BN 在各种电子和光电器件以及纳米复合材料中的应用具有极大的潜力[50]。此外,BN 被认为是许多创造性应用的有力竞争者,例如中子探测器[51]、紫外线发射器[52]、单光子发射器和纳米光电学[53]。

BN 与其他二维材料所构建的异质结展现出了更加优异的特性,因此引起了研究者的广泛关注。Gao 等[54]采用两步电化学脱层法和自旋涂层支撑层法组装了 BN/石墨烯范德瓦耳斯异质结,基于 BN/石墨烯异质结制备的石墨烯场效应晶体管不仅具有接近零的狄拉克电压和高的载流子迁移率,而且为 BN 基电子器件的商业化生产提供了可能性。石墨烯/BN/ZnO 异质结表现出更好的电整流行为和高紫外光响应能力[55],是一种新型的具有代表性的二维异质结,可以提高基于二维材料半导体异质结的光电器件的性能。Zhang 等[56]通过两步低压化学气相沉积合成策略,将单层 BN 直接合成在 Au 箔上,随后合成 MoS$_2$,并通过扫描隧道显微镜光谱表征发现中心 BN 层部分阻断了 MoS$_2$/BN/Au 箔中金属诱导的间隙态。这项工作为这种垂直堆叠异质结的合成、转移和器件性能优化提供了深入的见解。

层状材料,特别是 TMDCs 族,一直吸引着科学界的关注。MoSe$_2$ 具有与 MoS$_2$ 类似的二维晶格结构,其中单层纳米结构由一层 Mo 原子夹在两层 Se 原子之间组成。较小的带隙(约 1.8 eV)使大多数 TMDCs 具有约 1.9 eV 的直接带隙,可以有效地利用太阳能。同时,二维 TMDCs 材料已被用于构建范德瓦耳斯异质结,并表现出优异的光吸收和 PCE 性能[57-59]。例如,Wang 等[11]系统研究了 BP/MoSe$_2$ 和 BP/MoS$_2$ 范德瓦耳斯异质结的光学性质,在 AM 1.5 太阳光照射下,发现 BP/MoSe$_2$ 范德瓦耳斯异质结比 BP/MoS$_2$ 范德瓦耳斯异质结具有更高的光吸收效率和更宽的光吸收范围,同时其 PCE(23.04%)相较于 BP/MoS$_2$ 范德瓦耳斯异质结的 PCE(14.30%)更为优异。MoSe$_2$/WSe$_2$ 范德瓦耳斯异质结在外加垂直电场的调控下实现了从半导体向金属的转变,带边对齐类型在电场下也发生了 Ⅱ 型到 Ⅰ 型再到 Ⅱ 型的转变,为超薄 MoSe$_2$/WSe$_2$ 异质结在未来的纳米光电领域提供了巨大的应用潜力[60]。Zhang 等[61]构建了石墨炔/MoSe$_2$ 范德瓦耳斯异质结,并对其电子和界面性质进行了深入系统的研究,其中在石墨炔/MoSe$_2$ 范德瓦耳斯异质结中观察到高载流子迁移率[10$^4$ cm$^2$/(V·s)]和强光吸收系数(10$^5$ cm$^{-1}$)。更重要的是,石墨炔/MoSe$_2$ 范德瓦耳斯异质结的 Ⅰ 型带边对齐类型对外部电场具有很强的鲁棒性,并且石墨炔/MoSe$_2$ 范德瓦耳斯异质结的能带偏移可以通过外部电场进行有效的调谐,这一研究为下一代半导体发光器件提供了新的理论方案。

## 5.2 应变调控 BC$_6$N/BN 范德瓦耳斯异质结的电子与光学性质

各种各样的新型二维材料,尤其是二维石墨氮化碳材料,由于其优异的电子、机械、光学以及催化性能引起了广泛的关注[62-72]。在这些二维材料中,类石墨烯单层纳米材料 BC$_6$N 已经通过双步硼化的方法被成功制备出来[35]。

Bafekry[73]系统地研究了单层 BC$_6$N 的结构、电子、光学和输运性质,并且进一步分析了层厚度、电场、应变、边缘状态、表面吸附原子或分子、取代掺杂以及空位缺陷等对 BC$_6$N 电子性质的影响。结果显示，$BC_6N$ 可以实现从半导体到拓扑绝缘体或金属，以及从金属到半金属、铁磁性金属、稀磁半导体、自旋玻璃半导体的转变。此外，本征的单层 $BC_6N$ 可以被用来吸附各种各样的气体分子，同时空位缺陷或取代掺杂可以明显地提高 $BC_6N$ 对气体分子的吸附容量[74-78]。单层 $BC_6N$ 同样对药物分子展现出极高的物理吸附能力。这一吸附方式使得 $BC_6N$ 恢复时间更短、药物释放量更高，从而使 $BC_6N$ 在药物递送领域具有巨大的应用前景[79]。$BC_6N$ 在锂离子电池与硫锂电池负极材料方面的应用也具有很大潜力[80-81]。此外，有研究表明，应变或电场可以有效调控 $BC_6N$ 的光催化能力、热输运、力学、电子性质[82-83]。

在范德瓦耳斯异质结中，由于层间耦合较弱、原子表面平坦且没有悬挂键，可以获得高质量的界面，所以，可以诱导产生新的物理和化学性能。因此，必须探索不同材料的范德瓦耳斯异质结。然而，与基于石墨烯的范德瓦耳斯异质结的广泛研究相比，对 $BC_6N$ 范德瓦耳斯异质结的研究十分有限[45]。本节提出了一种新型 $BC_6N/BN$ 范德瓦耳斯异质结，通过在六方单层 BN 上堆叠单层 $BC_6N$ 半导体而获得。宽带隙（约 5.0 eV）的单层 BN 材料具有良好的热稳定性和化学稳定性，并且在可见光区具有很高的透明度，这对于其在纳米电子学和光电子器件中的应用具有重要意义[84-85]。因此，$BC_6N/BN$ 范德瓦耳斯异质结有望表现出优异的电子和光学特性。考虑到实际应用中外部应变对 $BC_6N/BN$ 范德瓦耳斯异质结器件的影响，本节还系统研究了 $BC_6N/BN$ 范德瓦耳斯异质结在单轴和双轴应变下的结构稳定性、电子结构、光学性质和载流子迁移率。研究结果可以作为纳米电子学的基础，并将推动未来基于 $BC_6N/BN$ 范德瓦耳斯异质结的纳米器件的实验制备。

### 5.2.1 $BC_6N/BN$ 范德瓦耳斯异质结的几何构型与结构稳定性

弛豫后的单层 $BC_6N$ 原胞与 $2×2×1$ 超胞的结构如图 5-2 所示。弛豫后 $BC_6N$ 原胞的晶格常数为 5.002 Å，$BC_6N$ 的 C—C、C—B 和 C—N 键长分别为 1.417 Å、1.478 Å 和 1.461 Å。其 C—C—C、C—B—C 和 C—N—C 键角分别为 118.809°、120.001°和 120.002°。计算得到的本征 $BC_6N$ 的能带带隙（1.25 eV，图 5-3）与先前报道的能带带隙（1.30 eV 和 1.27 eV）基本一致[73,82]。对于单层 BN，弛豫后的晶格常数为 2.512 Å，B—N 键长为 1.451 Å，N—B—N 和 B—N—B 键角分别为 120.000°和 120.001°。这些结果与先前的研究结果基本吻合[41,86-87]，从而证明了模型结构与计算方法的准确性。

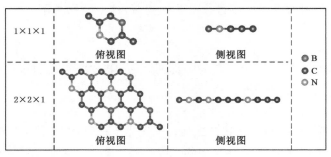

图 5-2　弛豫后单层 $BC_6N$ 的结构

随后，通过将 $1×1×1$ 的半导体 $BC_6N$ 叠加在 $2×2×1$ 的单层 BN 上，构建了 $BC_6N/$

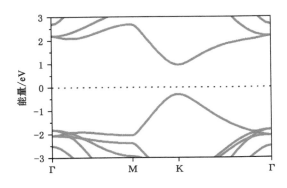

图 5-3　单层 $BC_6N$ 原胞的能带结构

BN 范德瓦耳斯异质结,并考虑了不同的初始堆叠结构。经过结构弛豫,得到了 AA 型和 AB 型两种稳定的堆叠结构,如图 5-4 所示。优化后的 AA 型与 AB 型堆叠结构层间距分别为 3.29 Å 和 3.14 Å。基于晶格失配率 $\eta$ 的计算公式 $\eta = 2(a_1 - a_2)/(a_1 + a_2)$($a_1$ 和 $a_2$ 分别为单层 BN 和 $BC_6N$ 的晶格常数),得出 $BC_6N$/BN 范德瓦耳斯异质结的晶格失配率仅为 0.46 %,在允许范围($\eta < 5.0\%$)内。为了确定 AA 型与 AB 型 $BC_6N$/BN 范德瓦耳斯异质结的结构稳定性,计算了 AA 型与 AB 型 $BC_6N$/BN 范德瓦耳斯异质结的声子谱(图 5-5)与结合能。结合能 $E_b$(单位 eV)的计算公式为[88]:

$$E_b = (E_{BC_6N/BN} - E_{BC_6N} - E_{BN})/n \tag{5-1}$$

其中,$E_{BC_6N/BN}$、$E_{BC_6N}$ 和 $E_{BN}$ 分别为 $BC_6N$/BN 范德瓦耳斯异质结、单层 $BC_6N$ 和单层 BN 的总能量(单位 eV),$n$ 为异质结中原子的总数。经过计算,AA 型与 AB 型 $BC_6N$/BN 范德瓦耳斯异质结的结合能分别为 $-0.086$ eV 与 $-0.092$ eV。显然,从声子带结构和结合能来看,AB 型堆叠方式的 $BC_6N$/BN 范德瓦耳斯异质结更加稳定。因此,在后续的研究中,只研究 AB 型堆叠方式的 $BC_6N$/BN 范德瓦耳斯异质结的计算结果。

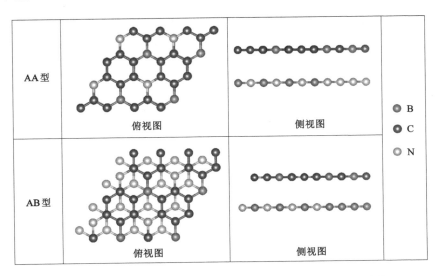

图 5-4　$BC_6N$/BN 范德瓦耳斯异质结的 AA 型与 AB 型堆叠结构

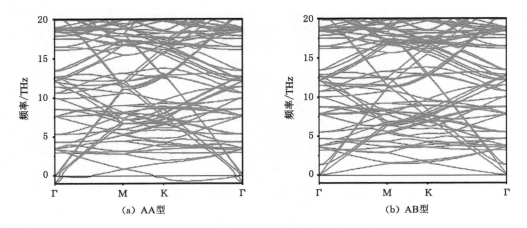

(a) AA型

(b) AB型

图 5-5　$BC_6N/BN$ 范德瓦耳斯异质结的声子谱

## 5.2.2　$BC_6N/BN$ 范德瓦耳斯异质结的电子结构

为了进一步研究 $BC_6N/BN$ 范德瓦耳斯异质结,计算了 $BC_6N/BN$ 范德瓦耳斯异质结的能带结构、静电势和沿 $z$ 方向的平面平均差分电荷密度和带边对齐情况,如图 5-6 和图 5-7 所示。图 5-6(c)显示,$BC_6N/BN$ 范德瓦耳斯异质结具有 1.16 eV 的直接带隙。然而,GGA-PBE 计算方法通常会低估半导体和绝缘体的带隙,作为对比,通过 HSE06 方法重新计算了 $BC_6N/BN$ 范德瓦耳斯异质结的能带结构,如图 5-6(d)所示。通过对比 HSE06 和GGA-PBE 两种计算方法所计算出的结果,发现两种方法都可以得到相似的电子结构,但价带与导带的位置相对移动。带隙从 GGA-PBE 方法所计算的 1.16 eV 变化为 HSE06 方法所计算的 1.71 eV。众所周知,GGA-PBE 方法往往会低估带隙高达 1.0 eV 或更多[62]。因此,HSE06 方法对 $BC_6N/BN$ 范德瓦耳斯异质结的电子结构没有显著影响。更重要的是,本研究更为注重在应变下 $BC_6N/BN$ 范德瓦耳斯异质结电子结构、光学性质以及载流子迁移率的变化规律。因此在后续的研究中只给出 GGA-PBE 的计算结果。

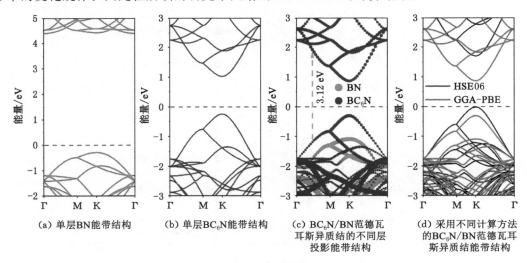

(a) 单层BN能带结构

(b) 单层$BC_6N$能带结构

(c) $BC_6N/BN$范德瓦耳斯异质结的不同层投影能带结构

(d) 采用不同计算方法的$BC_6N/BN$范德瓦耳斯异质结能带结构

图 5-6　能带结构

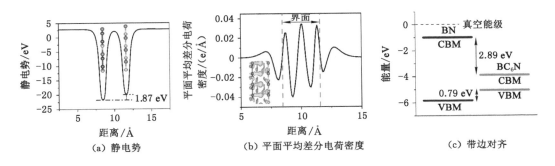

图 5-7　BC₆N/BN 范德瓦耳斯异质结的静电势、平面平均差分电荷密度和带边对齐情况

BC₆N/BN 范德瓦耳斯异质结关于 BC₆N 与 BN 层的投影能带结构显示，BC₆N/BN 范德瓦耳斯异质结的价带顶（valence band maximum，VBM）与导带底（conduction band minimum，CBM）全都由 BC₆N 层贡献，使得电子与空穴会更多地聚集在 BC₆N 层，这一现象表明 BC₆N/BN 范德瓦耳斯异质结在量子阱结构的光电子器件中具有较大的应用潜力，例如发光二极管（LED）[89-90]。如图 5-7（a）所示，BC₆N 的静电势阱深度低于 BN 的，从而在两层之间形成了内建电场。此外，BC₆N/BN 范德瓦耳斯异质结的形成影响了电荷的分布，沿 $z$ 方向的平面平均差分电荷密度显示，当异质结形成时，电荷从 BC₆N 层转移至 BN 层，如图 5-7（b）所示，其中插图为三维差分电荷密度图，黄色和青色分别表示电荷的积累和消耗。BC₆N/BN 范德瓦耳斯异质结的带边对齐[图 5-7（c）]表明，异质结呈现 I 型带边结构，BC₆N 层的 CBM 与 BN 的 CBM 之间存在较大的能级差距。因此，被激发的电子将更多地集中在 BC₆N 层，从而增加了电子与空穴的复合概率。

## 5.2.3　BC₆N/BN 范德瓦耳斯异质结的载流子迁移率与光学性质

载流子迁移率是衡量半导体性能的一个重要参数。对于二维系统，载流子迁移率 $\mu$ 可用下式计算[91]：

$$\mu = e\hbar^3 C/[k_B T m^* m_d (E_1^i)^2] \tag{5-2}$$

其中，e 为电子电荷（1 e = 1.6 × 10⁻¹⁹ C），$\hbar$ 为约化普朗克常数（取 6.582 × 10⁻¹⁶ eV·s），$m^*$ 为载流子有效质量（单位 m₀，1 m₀ = 9.11 × 10⁻³¹ kg），$m_d$ 为载流子平均有效质量（单位 m₀），$E_1^i$ 为形变势（单位 eV），$C$ 为弹性常数（单位 N/m），$k_B$ 为玻耳兹曼常数（取 8.617 × 10⁻⁵ eV/K），$T$ 为温度（单位 K）。在本节中，温度（$T$）被设定为 300 K 以计算异质结载流子迁移率。经过计算，单层 BC₆N、BN 与 BC₆N/BN 范德瓦耳斯异质结的载流子有效质量（$m^*$）、形变势（$E_1^i$）、弹性常数（$C$）以及载流子迁移率（$\mu$）如表 5-1 所列。由表可知，BC₆N/BN 范德瓦耳斯异质结在 K—Γ 方向的电子迁移率相较于单层 BC₆N 有明显增加，同时在 K—M 方向 BC₆N/BN 范德瓦耳斯异质结的电子迁移率相较于单层 BN 也有显著增加。BC₆N/BN 范德瓦耳斯异质结的空穴迁移率在两个方向都高于单层 BC₆N 的，但低于单层 BN 的。

表 5-1 单层 $BC_6N$、BN 与 $BC_6N$/BN 范德瓦耳斯异质结的载流子有效质量、形变势、
弹性常数以及载流子迁移率

| 结构 | 方向 | $m_e^*/m_0$ | $m_h^*/m_0$ | $E_{1e}^i$/eV | $E_{1h}^i$/eV | $C$/(N/m) | $\mu_e$ /[m²/(V·s)] | $\mu_h$ /[m²/(V·s)] |
|---|---|---|---|---|---|---|---|---|
| $BC_6N$ | K—Γ | 0.18 | 0.18 | 9.96 | 8.81 | 1 448.07 | 0.80 | 1.13 |
| | K—M | 0.22 | 0.21 | 5.07 | 4.26 | 700.73 | 1.24 | 2.00 |
| BN | K—Γ | 0.81 | 0.59 | 6.88 | 5.62 | 1 501.18 | 0.09 | 2.62 |
| | K—M | 1.14 | 0.70 | 2.97 | 2.74 | 703.33 | 1.54 | 4.41 |
| $BC_6N$/BN | K—Γ | 0.17 | 0.18 | 11.87 | 10.42 | 2 898.29 | 1.38 | 1.66 |
| | K—M | 0.20 | 0.20 | 5.86 | 5.29 | 1 361.38 | 2.27 | 2.72 |

注:下标 e 代表电子,下标 h 代表空穴。

光学性质是纳米材料的一个重要特征,基于范德瓦耳斯异质结的光学性质已经制造出了许多光电器件。半导体的光学性质可以从与频率相关的介电函数[式(4-2)]中得到。根据吸收系数的理论公式[式(4-3)][70,92]计算得到单层 $BC_6N$、BN 与 $BC_6N$/BN 范德瓦耳斯异质结的吸收系数,如图 5-8 所示。单层 $BC_6N$ 和 BN 的光吸收与前人的研究结果具有良好的符合性[39,93]。对于 $BC_6N$/BN 范德瓦耳斯异质结,光吸收主要发生在短波段(50~500 nm),在 90 nm 和 200 nm 处观察到两个主吸收峰,最大吸收峰在 90 nm 处。与单层 BN 和 $BC_6N$ 最大吸收峰值($9.2×10^5$ $cm^{-1}$ 和 $6.4×10^5$ $cm^{-1}$)相比,$BC_6N$/BN 范德瓦耳斯异质结的形成可以显著提高在真空紫外光区(1~200 nm)的最大吸收峰值。值得注意的是,$BC_6N$/BN 范德瓦耳斯异质结的吸收系数($12.7×10^5$ $cm^{-1}$)大于前人研究的 Sn/BN 异质结的吸收系数($11.0×10^5$ $cm^{-1}$)[93],具有更强的光吸收性能。在近紫外光、可见光和近红外光波段(>300 nm),$BC_6N$/BN 范德瓦耳斯异质结的吸收系数与单层 $BC_6N$ 的相似,而单层 BN 的吸收系数几乎为零。在可见光区(380~780 nm),$BC_6N$/BN 范德瓦耳斯异质结的最大吸收系数在 397 nm 处,对应光子能量为 3.12 eV,该吸收峰是由电子从价带直接跃迁到导带形成的[图 5-6(c)]。因此,通过构建 $BC_6N$/BN 范德瓦耳斯异质结可以在不同的波段范围内调节光吸收特性。

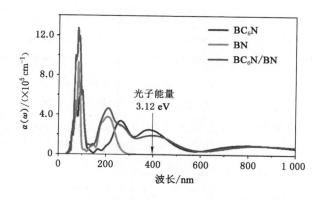

图 5-8 单层 $BC_6N$、BN 与 $BC_6N$/BN 范德瓦耳斯异质结的吸收系数

## 5.2.4　应变调控 $BC_6N/BN$ 范德瓦耳斯异质结的结构稳定性与电子结构

在实际应用中,电子器件不可避免地受到外力作用而产生应变,最终影响其性能,特别是基于异质结的纳米器件更容易受到影响。因此,对单轴和双轴应变下 $BC_6N/BN$ 范德瓦耳斯异质结的电子结构、载流子迁移率和光学性能进行了研究。平面内应变 ε 定义为:

$$\varepsilon = (a - a_0) a_0 \qquad (5\text{-}3)$$

其中,$a$ 和 $a_0$ 分别为拉伸和未拉伸的晶格常数。将单轴和双轴应变($\varepsilon$)的取值范围设定为 $-8\%$ 至 $8\%$ 来研究轴向应变对 $BC_6N/BN$ 范德瓦耳斯异质结的影响。

首先,研究了轴向应变下 $BC_6N/BN$ 范德瓦耳斯异质结的双轴拉伸应变、总能量和结合能,如图 5-9 所示。图 5-9(a)为对 $BC_6N/BN$ 范德瓦耳斯异质结施加沿 $x$ 方向和 $y$ 方向的面内双轴拉伸应变的示意图。从图 5-9(b)中可以看出,单轴应变和双轴应变对 $BC_6N/BN$ 范德瓦耳斯异质结的影响是不同的。双轴应变对 $BC_6N/BN$ 范德瓦耳斯异质结的总能量影响更大,比单轴应变下的稳定性更差。单轴应变下 $BC_6N/BN$ 范德瓦耳斯异质结的总能量呈近乎完美的抛物线,说明沿平面的拉伸应变和压缩应变对 $BC_6N/BN$ 范德瓦耳斯异质结的影响相似。为了进一步验证 $BC_6N/BN$ 范德瓦耳斯异质结在应变作用下的结构稳定性,计算了 $BC_6N/BN$ 范德瓦耳斯异质结在不同应变作用下的结合能,如图 5-9(c)所示。结合能随压缩应变线性增加,随拉伸应变线性降低。因此,压缩应变将会破坏范德瓦耳斯异质结的结构稳定性,拉伸应变将会提高范德瓦耳斯异质结的结构稳定性。双轴应变下 $BC_6N/BN$ 范德瓦耳斯异质结的结合能变化斜率大于单轴应变下 $BC_6N/BN$ 范德瓦耳斯异质结的结合能变化斜率,说明 $BC_6N/BN$ 范德瓦耳斯异质结的结构稳定性对双轴应变更为敏感,双轴拉伸应变有助于增强 $BC_6N/BN$ 范德瓦耳斯异质结的结构稳定性。此外,对单轴应变下 $BC_6N/BN$ 范德瓦耳斯异质结的声子谱进行了研究,如图 5-10 所示。从声子谱的结果可以看出,随着压缩应变的增加,$BC_6N/BN$ 范德瓦耳斯异质结变得越来越不稳定,而随着拉伸应变的增加,$BC_6N/BN$ 范德瓦耳斯异质结的结构依旧稳定。通过对比单轴应变下 $BC_6N/BN$ 范德瓦耳斯异质结的声子谱的结果与结合能的结果,可以看出,单轴应变下 $BC_6N/BN$ 范德瓦耳斯异质结的声子谱的变化规律与结合能的变化规律一致。同时由于双轴压缩应变下 $BC_6N/BN$ 范德瓦耳斯异质结的结合能大于单轴压缩应变下 $BC_6N/BN$ 范德瓦耳斯异质结的结合能,双轴压缩应变下 $BC_6N/BN$ 范德瓦耳斯异质结将随着压缩应变的增加变得更不稳定。

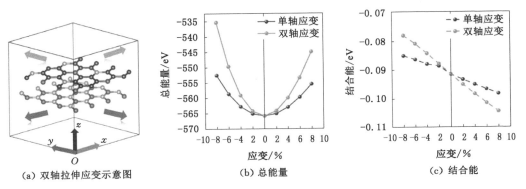

(a)双轴拉伸应变示意图　　　(b)总能量　　　(c)结合能

图 5-9　轴向应变下 $BC_6N/BN$ 范德瓦耳斯异质结的双轴拉伸应变、总能量和结合能

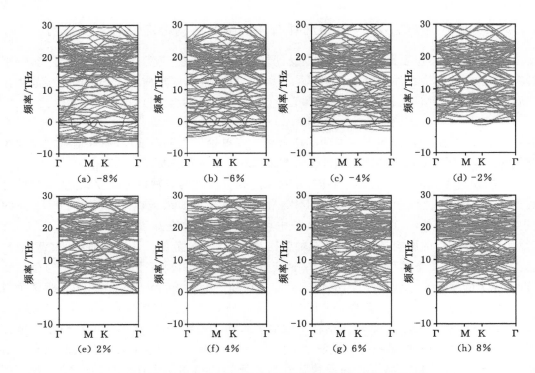

图 5-10　单轴应变下 $BC_6N/BN$ 范德瓦耳斯异质结的声子谱

　　其次,研究了轴向应变下 $BC_6N/BN$ 范德瓦耳斯异质结的能带结构、带隙和内建电场,如图 5-11 和图 5-12 所示。由图可知,在压缩应变下,$BC_6N/BN$ 范德瓦耳斯异质结的带隙随应变的增加呈线性增加,与单轴应变或双轴应变基本无关。而在拉伸应变下,$BC_6N/BN$ 范德瓦耳斯异质结的带隙随双轴应变的增加而线性减小,随单轴应变的增加而显著增大。此外,图 5-13 给出了轴向应变下 $BC_6N/BN$ 范德瓦耳斯异质结的能带排列。可见,$BC_6N/BN$ 范德瓦耳斯异质结在外加应变下仍保持 I 型能带对齐。带边的能级随双轴应变的增加呈现出近似线性变化,其在单轴应变下基本不变。同时,双轴应变对带边的能级的影响强于单轴应变对带边的能级的影响。在不同的轴向应变下,$BC_6N$ 和 BN 的 CBM 之间的能级差几乎是恒定的,这可以保证被激发的电子继续被约束在 $BC_6N$ 层中。特别是对于 $-8\%$ 双轴应变,BN 的 CBM 接近真空能级,导致激发电子难以转移到 BN 层。这一现象使得 $BC_6N/BN$ 范德瓦耳斯异质结在量子阱器件中具有很大的应用潜力。轴向应变下 $BC_6N/BN$ 范德瓦耳斯异质结的内建电场如图 5-12(b) 所示,$BC_6N/BN$ 范德瓦耳斯异质结的内建电场随压缩应变的增加呈现线性增加,随拉伸应变的增加表现出线性降低。双轴应变下的电场变化斜率大于单轴应变下的电场变化斜率,说明 $BC_6N/BN$ 范德瓦耳斯异质结的内建电场对双轴应变更为敏感。综上所述,面内应变对 $BC_6N/BN$ 范德瓦耳斯异质结的总能量、带隙和内建电场有显著影响。同时,$BC_6N/BN$ 范德瓦耳斯异质结的结构稳定性和电子性能可以通过单轴应变和双轴应变、压缩应变和拉伸应变的类型进行有效调节。

### 5.2.5　应变调控 $BC_6N/BN$ 范德瓦耳斯异质结的载流子迁移率与光学性质

　　轴向应变下 $BC_6N/BN$ 范德瓦耳斯异质结的载流子迁移率如图 5-14 所示(图中 e 代表

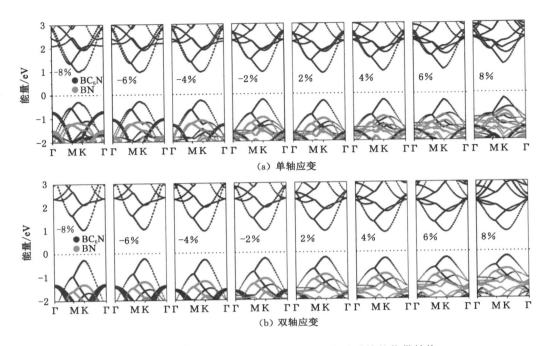

图 5-11　轴向应变下 BC₆N/BN 范德瓦耳斯异质结的能带结构

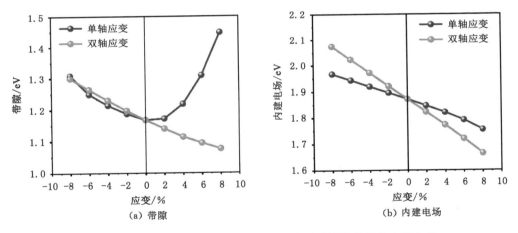

图 5-12　轴向应变下 BC₆N/BN 范德瓦耳斯异质结的带隙和内建电场

电子,h 代表空穴)。在单轴应变下,载流子迁移率随应变的增加而降低,但在 4% 应变处出现峰值,在 K—M 方向的 6% 至 8% 应变处进一步降低。对比 4% 应变下 K—M 方向的能带结构的斜率与其他拉伸应变下的能带结构的斜率可以看出,在 4% 应变下,CBM 和 VBM 所在的能带结构的斜率明显增大。但在 M 点附近,其能带结构的斜率并不低于 6% 和 8% 拉伸应变下能带结构的斜率,这表明该点的载流子有效质量低于其他拉伸应变下的载流子有效质量,从而导致载流子迁移率在 K—M 方向上增加。在双轴应变下,载流子迁移率随压缩应变的增大而增大,随拉伸应变的增大而减小。然而,在 8% 的双轴应变下,空穴迁移率激增。这种现象的发生是由于在 8% 的应变下,最低价带在 Γ 点处的平带部分远离费米能

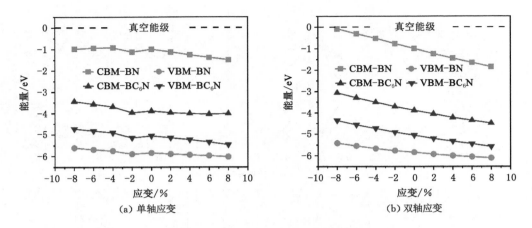

（a）单轴应变  （b）双轴应变

图 5-13　轴向应变下 $BC_6N/BN$ 范德瓦耳斯异质结的能带排列

级,从而导致空穴的有效质量显著降低。综上所述,$BC_6N/BN$ 范德瓦耳斯异质结的载流子迁移率在轴向应变下呈现出规律性的变化,具有很大的器件应用潜力。

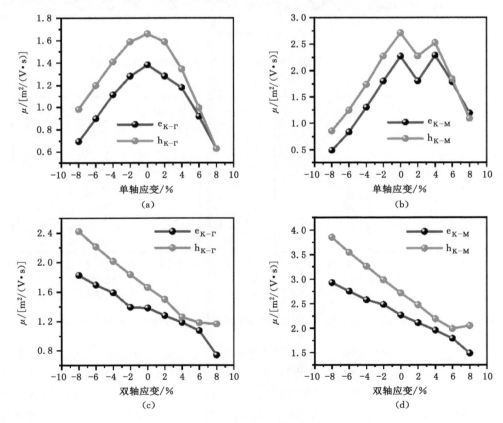

图 5-14　轴向应变下 $BC_6N/BN$ 范德瓦耳斯异质结的载流子迁移率

最后,对 $BC_6N/BN$ 范德瓦耳斯异质结的吸收系数的应变依赖性进行了研究,如图 5-15 所示,其中 $\alpha_u(\omega)$ 和 $\alpha_b(\omega)$ 分别为在单轴应变和双轴应变下光传播路线垂直于范德瓦耳斯异质结平面的吸收系数。考虑到较大的应变对 $BC_6N/BN$ 范德瓦耳斯异质结的结构稳定性和电子性能影响较大，可能超出了实际应用的范围。因此，主要关注在 $-4\%$ 至 $4\%$ 的应变范围内的吸收系数。在 90 nm 附近（真空紫外光区）的吸收系数依旧维持较高的水平，与轴向应变无关。在 $-4\%$ 和 $4\%$ 的单轴应变下，$\alpha_u(\omega)$ 出现了新的峰，最高的 $\alpha_u(\omega)$ 峰出现在 $-4\%$ 应变下的 490 nm 处。这是因为 $BC_6N/BN$ 范德瓦耳斯异质结中 $BC_6N$ 层的能带结构在 $-4\%$ 应变下比在 $4\%$ 应变下的能带结构更靠近费米能级，这意味着电子在 1.6～3.2 eV（可见光区）更容易从 VBM 跃迁到 CBM。在 $2\%$、$4\%$ 与 $-4\%$ 的双轴应变下，$BC_6N/BN$ 范德瓦耳斯异质结的 $\alpha_b(\omega)$ 在可见光区出现了新的吸收峰，并且在应变为 $-4\%$ 时，450 nm 处出现了最高吸收峰。这种现象的原因与单轴应变下的原因几乎相同。对比压缩应变和拉伸应变下的吸收系数，拉伸应变下的吸收系数要低于单轴应变下的吸收系数。这一现象可归因于 $BC_6N/BN$ 范德瓦耳斯异质结的 BN 层在拉伸应变下的能带结构会逐渐靠近费米能级，而 $BC_6N/BN$ 范德瓦耳斯异质结的 $BC_6N$ 层在压缩应变下的能带结构会逐渐靠近费米能级。因此，$BC_6N/BN$ 范德瓦耳斯异质结的 $BC_6N$ 层对 $BC_6N/BN$ 范德瓦耳斯异质结的光吸收贡献更大。$BC_6N/BN$ 范德瓦耳斯异质结在轴向应变下的吸收系数不仅在紫外光区保持较高的值，而且在可见光区也表现出显著的增加。因此，$BC_6N/BN$ 范德瓦耳斯异质结在光电器件中具有重要的应用潜力。

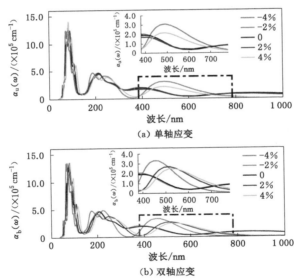

图 5-15 轴向应变下 $BC_6N/BN$ 范德瓦耳斯异质结的吸收系数

## 5.3 $BC_6N/MoSe_2$ 范德瓦耳斯异质结电场可调电子结构和超高 PCE

许多新型的类石墨烯二维材料因其优异的物理和化学性能而在实验和理论上得到了广泛研究[64,66,69-70,94]。半导体单层 $BC_6N$ 材料因其优异的力学性能、高导热性和载流子迁移率[36-42]而受到广泛关注[35]。通过掺杂、吸附、应变调控和外加电场等手段，研究者们系统地

研究了单层 $BC_6N$ 的机械、电子和输运性质[73-76,78-79,81-82]。此外,研究者们从理论上探索了一些基于单层 $BC_6N$ 的范德瓦耳斯异质结,并获得了许多有前景的电子和光学性质[43-44,95]。因此,基于 $BC_6N$ 的二维材料在光电、纳米电子、热电和生物电子器件中具有潜在的应用前景。

二维范德瓦耳斯异质结具有优异的性能,并已被探索用于薄膜光伏材料[45,96-101]。在范德瓦耳斯异质结界面处,特殊电子转移模式允许载流子在异质结中分离。因此,单层材料的高光吸收率和相对较宽的带隙使得范德瓦耳斯异质结具有较高的 PCE。因此,探索具有超高 PCE 的新型二维范德瓦耳斯异质结作为新一代高效太阳电池是非常必要的。

大多数 TMDCs 有约 1.9 eV 的直接带隙,可以有效地利用太阳能的最大部分。同时,二维 TMDCs 材料已被用于构建范德瓦耳斯异质结,并表现出优异的光吸收和 PCE 性能[57-59]。例如,在 AM 1.5 太阳光照射下,$MoS_2/InP$ 范德瓦耳斯异质结的 PCE 实验值达到 7.10%[57]。Wang 等[11]系统研究了 $BP/MoSe_2$ 和 $BP/MoS_2$ 范德瓦耳斯异质结的光学性质,发现 $BP/MoSe_2$ 范德瓦耳斯异质结比 $BP/MoS_2$ 范德瓦耳斯异质结具有更高的光吸收率和更宽的光吸收范围,同时其 PCE(23.04%)相较于 $BP/MoS_2$ 范德瓦耳斯异质结的 PCE(14.30%)更高。$Sb/WS_2$ 范德瓦耳斯异质结具有良好的光吸收性能和较高的 PCE(20.98%)。在正电场作用下,$Sb/WS_2$ 范德瓦耳斯异质结的 PCE 提高到 22.85%[102]。此外,$MoSSe/g$-$GeC$ 范德瓦耳斯异质结在拉伸应变下表现出高效的析氢/析氧反应和较高的 PCE(35.00%)[103]。$BP/MoSSe$、$BAs/MoSSe$ 和 $Te/MoSSe$ 范德瓦耳斯异质结的 PCE 分别为 22.97%、20.86% 和 22.60%[104-105]。因此,单层 TMDCs 的高光吸收率和相对宽的带隙导致其构建的范德瓦耳斯异质结具有高 PCE 和优越的可见光区光吸收能力。

值得注意的是,$BC_6N$ 同样具有类似于单层 TMDCs 的合适的直接带隙(1.9 eV)和较高的可见光吸收率。然而,关于 $BC_6N$ 异质结在太阳电池中的应用的研究相对缺乏。因此,重点探索基于单层 TMDCs 与 $BC_6N$ 相堆叠的范德瓦耳斯异质结,为开发下一代太阳电池器件提供可行方案。本节将 $BC_6N$ 堆叠到 $MoSe_2$ 上,获得一种新型 $BC_6N/MoSe_2$ 范德瓦耳斯异质结,其有望在不同的外部垂直电场下表现出良好的电子-空穴对分离、优异的电子和光学性能以及超高的 PCE。研究结果表明,$BC_6N/MoSe_2$ 范德瓦耳斯异质结具有较高的 PCE 和光吸收率,在光伏材料薄膜太阳电池中具有很大的应用潜力。

### 5.3.1　$BC_6N/MoSe_2$ 范德瓦耳斯异质结的几何构型与结构稳定性

图 5-16 为弛豫后单层 $BC_6N$ 和 $MoSe_2$ 的结构。结构弛豫后,单层 $BC_6N$ 的晶格常数为 5.00 Å,C—C、C—B 和 C—N 的键长分别为 1.42 Å、1.48 Å 和 1.46 Å,C—C—C、C—B—C 和 C—N—C 的键角分别为 118.8°、120.0° 和 120.0°。单层 $MoSe_2$ 的晶格常数为 3.33 Å,Mo—Se 的键长为 2.55 Å,Se—Mo—Se 的键角为 81.6°。这些计算结果与前人的研究结果基本一致[73,82,106-107],从而证明了本方法和结构的准确性和可靠性。

随后,将 $2 \times 2 \times 1$ $BC_6N$ 超胞堆叠在 $3 \times 3 \times 1$ $MoSe_2$ 超胞上,构建了 $BC_6N/MoSe_2$ 范德瓦耳斯异质结,并且考虑了不同的初始堆叠结构。经过结构弛豫后,得到了满足收敛准则且最稳定的堆叠结构,如图 5-17 所示。$BC_6N/MoSe_2$ 范德瓦耳斯异质结的层间距为 4.367 Å。基于晶格失配率 $\eta$ 的计算公式 $\eta = 2(a_1 - a_2')/(a_1 + a_2')$($a_1$ 与 $a_2'$ 分别为单层 $BC_6N$ 和 $MoSe_2$ 的晶格常数),得出 $BC_6N/MoSe_2$ 范德瓦耳斯异质结的晶格失配率为 0.23%,在公认

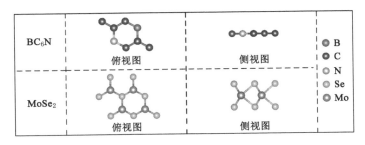

图 5-16　弛豫后单层 $BC_6N$ 和 $MoSe_2$ 的结构

的晶格失配率应小于 5.0% 这一范围内。为了确定 $BC_6N/MoSe_2$ 范德瓦耳斯异质结的结构稳定性，计算了其声子谱（图 5-18）和结合能。$BC_6N/MoSe_2$ 范德瓦耳斯异质结的结合能 $E_b$ 计算公式为：

$$E_b = (E_{BC_6N/MoSe_2} - E_{BC_6N} - E_{MoSe_2}) \tag{5-4}$$

其中，$E_{BC_6N/MoSe_2}$、$E_{BC_6N}$ 和 $E_{MoSe_2}$ 分别为 $BC_6N/MoSe_2$ 范德瓦耳斯异质结、单层 $BC_6N$ 和单层 $MoSe_2$ 的总能量（单位 eV），$n$ 为异质结中原子的总数。$BC_6N/MoSe_2$ 范德瓦耳斯异质结的结合能为 $-0.13$ eV，证明了该异质结的稳定性。此外，图 5-18 所示的声子谱中没有虚频，表明 $BC_6N/MoSe_2$ 范德瓦耳斯异质结具有动力学稳定性。

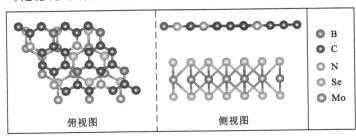

图 5-17　$BC_6N/MoSe_2$ 范德瓦耳斯异质结的结构

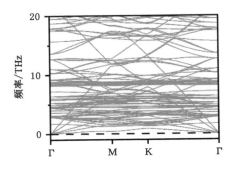

图 5-18　$BC_6N/MoSe_2$ 范德瓦耳斯异质结的声子谱

## 5.3.2　$BC_6N/MoSe_2$ 范德瓦耳斯异质结的电子结构

为了深入研究 $BC_6N/MoSe_2$ 范德瓦耳斯异质结，计算并研究了 $BC_6N/MoSe_2$ 范德瓦耳斯异质结的能带结构、静电势、平面平均差分电荷密度和带边对齐情况，如图 5-19 和图 5-20

所示。由图 5-19 可知,单层 $BC_6N$ 和 $MoSe_2$ 具有直接带隙,这有利于光学跃迁。与单层相比,$BC_6N/MoSe_2$ 范德瓦耳斯异质结具有更小的间接带隙(1.84 eV)。对于 $BC_6N/MoSe_2$ 范德瓦耳斯异质结的能带结构,$MoSe_2$ 和 $BC_6N$ 分别贡献了 VBM 和 CBM。此外,从图 5-20(a)中 $BC_6N/MoSe_2$ 范德瓦耳斯异质结的静电势可知,$BC_6N$ 的静电势低于 $MoSe_2$ 的静电势,说明 $MoSe_2$ 和 $BC_6N$ 之间产生了内建电场。这个内建电场促进了范德瓦耳斯异质结界面上的电荷转移。图 5-20(b)的平面平均差分电荷密度表明,电荷从 $BC_6N$ 转移到 $MoSe_2$,这与内建电场的结果一致。从图 5-20(c)的能带对中可以发现,在 $BC_6N/MoSe_2$ 范德瓦耳斯异质结中,$MoSe_2$ 成为光生载流子的供体,$BC_6N$ 成为光生载流子的受体,说明当 $MoSe_2$ 的电子吸收满足供体带隙跃迁条件的光子能量时,被激发的电子转移向 $BC_6N$ 层。相反,$BC_6N$ 中的空穴将会转移到 $MoSe_2$ 层,使得电子和空穴集中在不同的层,打破了电子和空穴之间的相互作用,所以 $BC_6N/MoSe_2$ 范德瓦耳斯异质结将会产生相较于单层更多的光生载流子。这一现象表明 $BC_6N/MoSe_2$ 范德瓦耳斯异质结作为太阳电池材料具有很大的应用前景。

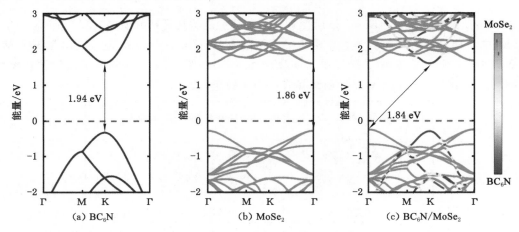

图 5-19　单层 $BC_6N$、$MoSe_2$ 与 $BC_6N/MoSe_2$ 范德瓦耳斯异质结的能带结构

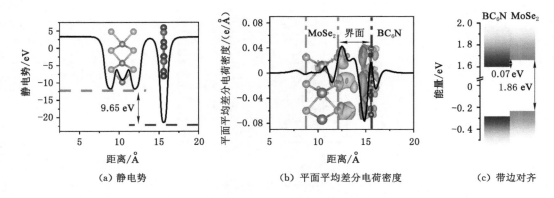

图 5-20　$BC_6N/MoSe_2$ 范德瓦耳斯异质结的静电势、平面平均差分电荷密度和带边对齐情况

计算得到单层 $BC_6N$、$MoSe_2$ 与 $BC_6N/MoSe_2$ 范德瓦耳斯异质结的光吸收率,如图 5-21 所示。单层的 $BC_6N$ 和 $MoSe_2$ 的光吸收率与前人的研究结果有很好的一致性[82,108]。$BC_6N$、$MoSe_2$ 和 $BC_6N/MoSe_2$ 范德瓦耳斯异质结在橙色区域(波长 560～590 nm)和紫色区域(波

长 380～420 nm)有两个光吸收峰。与 BC$_6$N 和 MoSe$_2$ 相比,BC$_6$N/MoSe$_2$ 范德瓦耳斯异质结的光吸收峰在橙色和紫色区域显著增加。为了解释光吸收率的增加,跃迁偶极矩提供了两种状态之间的跃迁概率 $P$[109]。单层 BC$_6$N、MoSe$_2$ 与 BC$_6$N/MoSe$_2$ 范德瓦耳斯异质结的最高(已占据)价带与最低(未占据)导带之间的跃迁偶极矩计算如图 5-22 所示。

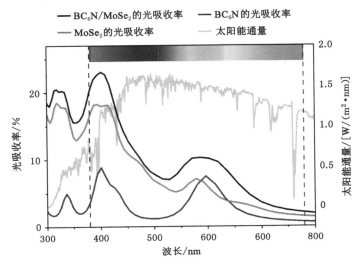

图 5-21　单层 BC$_6$N、MoSe$_2$ 与 BC$_6$N/MoSe$_2$ 范德瓦耳斯异质结的光吸收率

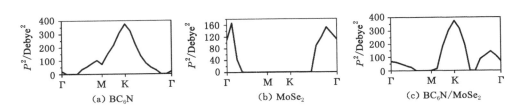

图 5-22　单层 BC$_6$N、MoSe$_2$ 与 BC$_6$N/MoSe$_2$ 范德瓦耳斯异质结的跃迁偶极矩

　　单层 BC$_6$N 在整个高对称点没有偶极禁止跃迁,表明在光子能量接近带隙(1.94 eV)部分的光线中更多的光子将会被吸收。对于单层 MoSe$_2$,只有 Γ 点允许电子跃迁到最低导带,但在 Γ 点,MoSe$_2$ 具有比单层 BC$_6$N 更大的跃迁偶极矩元素。由单层 BC$_6$N 和 MoSe$_2$ 的跃迁偶极矩可知,MoSe$_2$ 对于能量接近带隙(1.86 eV)附近的光子吸收能力相对 BC$_6$N 的较弱。BC$_6$N/MoSe$_2$ 范德瓦耳斯异质结的跃迁偶极矩可以看作是 BC$_6$N 和 MoSe$_2$ 的简单重组。BC$_6$N/MoSe$_2$ 范德瓦耳斯异质结的 K 点和 Γ 点附近的跃迁偶极矩元素分别由 BC$_6$N 和 MoSe$_2$ 层贡献。这表明 BC$_6$N/MoSe$_2$ 范德瓦耳斯异质结的形成打破了 MoSe$_2$ 在 K 点附近的偶极禁止跃迁,增加了 BC$_6$N 在 Γ 点附近的跃迁偶极矩元素。这种有利的变化导致 BC$_6$N/MoSe$_2$ 范德瓦耳斯异质结增加了能量在带隙(1.84 eV)附近的光子吸收,导致 BC$_6$N/MoSe$_2$ 范德瓦耳斯异质结的光吸收率增加。对于 BC$_6$N/MoSe$_2$ 范德瓦耳斯异质结在外加电场作用下的光吸收率,由于带隙和跃迁偶极矩的变化很小,光吸收率几乎不变。综上所述,BC$_6$N/MoSe$_2$ 范德瓦耳斯异质结的电子与空穴的有效分离以及出色的光学吸收性能使其成为高效太阳电池的理想候选材料。

### 5.3.3 BC$_6$N/MoSe$_2$范德瓦耳斯异质结的催化特性

由 BC$_6$N/MoSe$_2$范德瓦耳斯异质结的能带结构可知,该异质结中电子与空穴会分居两个不同层中,这种结构使得电子和空穴在空间上分离。同时,在内建电场的作用下,激发的电子与空穴无法复合。内建电场通常是由于两种材料之间的功函数差异或电荷转移而产生的。它像一个天然的分离器,使得电子和空穴各自保持在其所在的层中,无法重新结合。因此在光催化过程中,BC$_6$N/MoSe$_2$范德瓦耳斯异质结能够有效地利用这些激发电子进而参与化学反应。当光子能量大于或等于 BC$_6$N/MoSe$_2$范德瓦耳斯异质结的带隙时,电子从价带跃迁到导带,形成光生电子和空穴。由于电子和空穴的分离以及内建电场的存在,这些光生电子能够高效地参与到化学反应中去,如水的分解反应。此外,BC$_6$N/MoSe$_2$范德瓦耳斯异质结的高光吸收率也是一个重要优势。高光吸收率意味着该异质结能够捕获更多的光子,从而产生更多的光生电子。这些额外的光生电子进一步增加了 BC$_6$N/MoSe$_2$范德瓦耳斯异质结的催化性能,使其在光催化反应中表现出更高的活性。为了进一步探究 BC$_6$N/MoSe$_2$范德瓦耳斯异质结的催化性能,对酸性条件和碱性条件下该异质结的水分解反应进行了细致研究。酸性条件与碱性条件下催化分解水的反应路径如下:

酸性条件:

$$* + (H^+ + e^-) \longrightarrow {}^*H \tag{5-5}$$

$$^*H \longrightarrow * + \frac{1}{2}H_2 \tag{5-6}$$

碱性条件:

$$* + (H_2O + e^-) \longrightarrow {}^*H_2O + e^- \tag{5-7}$$

$$^*H_2O + e^- \longrightarrow {}^*(H-OH) + e^- \tag{5-8}$$

$$^*(H-OH) + e^- \longrightarrow {}^*H + OH^- \tag{5-9}$$

$$^*H + OH^- \longrightarrow * + \frac{1}{2}H_2 + OH^- \tag{5-10}$$

在酸性条件下[图 5-23(a)],BC$_6$N/MoSe$_2$范德瓦耳斯异质结表现出对水分解反应的高效催化性能。由于该异质结能够自发地吸附氢离子,并且氢离子的脱附仅需要 0.92 eV 的能量,这使得在酸性环境中 BC$_6$N/MoSe$_2$范德瓦耳斯异质结几乎可以自发地进行水分解反应生成氢气。这种低能量的脱附过程意味着反应能够顺利进行,无须消耗过多的外部能量,从而提高了整个水分解过程的效率。相比之下,在碱性条件下[图 5-23(b)],BC$_6$N/MoSe$_2$范德瓦耳斯异质结虽然能够较为容易地吸附水分子,但在分解水的过程中 H—O 键的断裂需要约 4.0 eV 的能量。如此高的能量要求使得 BC$_6$N/MoSe$_2$范德瓦耳斯异质结在碱性条件下几乎无法有效地将水分子分解。这可能是因为碱性环境中的水分子与 BC$_6$N/MoSe$_2$范德瓦耳斯异质结表面的相互作用较弱,或者是因为碱性条件下水分解的机理与酸性条件下水分解的机理不同,需要更高的能量来克服某些反应中间体的稳定化能垒(stabilization energy barrier)。综上所述,BC$_6$N/MoSe$_2$范德瓦耳斯异质结在酸性条件下表现出优异的水分解催化性能,而在碱性条件下则相对较差。这一发现为 BC$_6$N/MoSe$_2$范德瓦耳斯异质结作为催化材料提供了重要的理论依据,并为其在实际应用中的优化和改进提供了指导方向。未来研究可以进一步探索 BC$_6$N/MoSe$_2$范德瓦耳斯异质结在不同 pH 值下的催化机理,以及如何通过调控材料结构或反应条件来提高其在碱性环境中的催化性能。

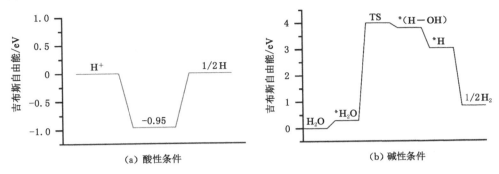

图 5-23　$BC_6N/MoSe_2$ 范德瓦耳斯异质结分解水的吉布斯自由能

### 5.3.4　电场调控 $BC_6N/MoSe_2$ 范德瓦耳斯异质结的电子特性

外加电场能够影响电荷转移和内建电场,它可以有效地调制范德瓦耳斯异质结的电子特性。因此,本小节研究了 $BC_6N/MoSe_2$ 范德瓦耳斯异质结在 $-0.20$ V/Å 至 $0.20$ V/Å 不同电场强度下的电子性质和 PCE,计算得到 $BC_6N/MoSe_2$ 范德瓦耳斯异质结的能带结构、间隙和带边对齐,如图 5-24 和图 5-25 所示,其中垂直电场的正方向定义为 $BC_6N$ 层到 $MoSe_2$ 层,负方向定义为 $MoSe_2$ 层到 $BC_6N$ 层。

由图 5-24 和图 5-25 可知,正电场对 $MoSe_2$ 的能带影响不大,但会使 $BC_6N$ 的能带向较低能级移动。因此 $BC_6N/MoSe_2$ 范德瓦耳斯异质结的带隙随着正电场强度的增加而从 $1.84$ eV 减小到 $1.57$ eV,呈现近似线性的减小。而在负电场作用下,$BC_6N/MoSe_2$ 范德瓦耳斯异质结的带隙先从 $1.84$ eV 增大到 $1.88$ eV,然后几乎线性减小到 $-0.20$ V/Å 时的 $1.71$ eV。负电场使 $MoSe_2$ 的能带向较低的能级移动。同时,在负电场作用下,$BC_6N/MoSe_2$ 范德瓦耳斯异质结的 CBM 贡献向 $MoSe_2$ 层偏移,$BC_6N/MoSe_2$ 范德瓦耳斯异质结的 VBM 的贡献向 $BC_6N$ 层偏移。因此,$MoSe_2$ 和 $BC_6N$ 在不同电场方向上的能带移动是导致带隙减小的主要原因。在 $-0.05$ V/Å 的电场强度下,$BC_6N/MoSe_2$ 范德瓦耳斯异质结的最大带隙为 $1.88$ eV。这可以解释为,在 $-0.05$ V/Å 电场作用下,$MoSe_2$ 的 CBM 和 VBM 与无电场作用下的几乎相同,但 $BC_6N$ 的 CBM 和 VBM 具有较低的能级,在 $-0.05$ V/Å 电场作用下,$BC_6N$ 的 CBM 和 VBM 的能级增加。这一现象使得 $BC_6N$ 的 CBM 和 VBM 与 $MoSe_2$ 的 CBM 和 VBM 几乎重合,从而导致了 $BC_6N/MoSe_2$ 范德瓦耳斯异质结带隙的增加。此外,负电场使 $BC_6N$ 成为 $BC_6N/MoSe_2$ 范德瓦耳斯异质结的供体,受体变成 $MoSe_2$,说明光子产生的载流子从 $BC_6N$ 转移到 $MoSe_2$。

### 5.3.5　$BC_6N/MoSe_2$ 范德瓦耳斯异质结的 PCE

高的光吸收系数和良好的 PCE 是太阳电池材料必不可少的条件,PCE 也是评价光催化剂的重要参数,同时,必须考虑供体和受体的 CBM 和 VBM 以及 PCE 变化的影响。PCE 可以反映范德瓦耳斯异质结将光能转换为电能的能力[57],具体通过下式计算:

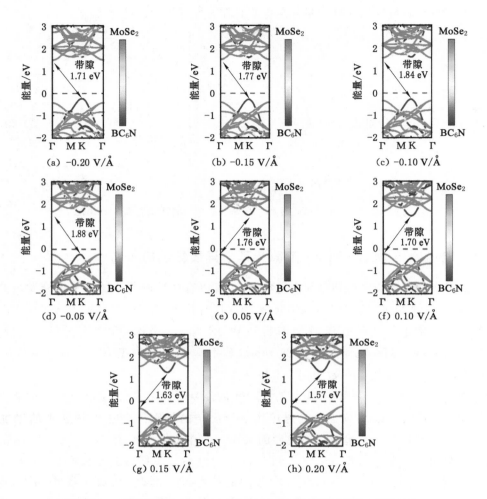

图 5-24  不同电场强度下 $BC_6N/MoSe_2$ 范德瓦耳斯异质结的能带结构

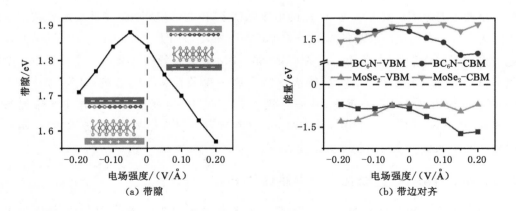

图 5-25  不同电场强度下 $BC_6N/MoSe_2$ 范德瓦耳斯异质结的带隙和带边对齐

$$PCE = \frac{\beta_{FF} V_{oc} J_{sc}}{P_{solar}} = \frac{0.65(E_g^d - \Delta E_c - 0.3)\int_{E_g^d}^{\infty} \frac{P(\hbar\omega)}{\hbar\omega} d(\hbar\omega)}{\int_0^{\infty} P(\hbar\omega) d(\hbar\omega)} \qquad (5\text{-}11)$$

式中：$\beta_{FF}$ 为电填充因子（$\beta_{FF} = 0.65$）；$V_{oc}$ 为太阳电池材料的开路电压（单位 V），$V_{oc} = E_g^d - \Delta E_c - 0.3$，其中，$E_g^d$ 为范德瓦耳斯异质结的供体带隙（单位 eV），$\Delta E_c$ 为范德瓦耳斯异质结中供体与受体 CBM 的能级差（单位 eV）；$J_{sc}$ 为太阳电池材料的短路电流（单位 A），$J_{sc} = \int_{E_g^d}^{\infty} \frac{P(\hbar\omega)}{\hbar\omega} d(\hbar\omega)$，其中，$P(\hbar\omega)$ 为 AM 1.5 情况下的太阳能通量［单位 W/(m² · nm)］，$\hbar\omega$ 为光子能量（单位 eV）；$P_{solar}$ 为单位面积的总入射太阳能功率（单位 W），$P_{solar} = \int_0^{\infty} P(\hbar\omega) d(\hbar\omega)$。

不同电场强度下 BC$_6$N/MoSe$_2$ 范德瓦耳斯异质结的 PCE 如图 5-26 所示。由图可知，在无电场条件下，BC$_6$N/MoSe$_2$ 范德瓦耳斯异质结的 PCE 高达 22.9%，高于对 56 种二维半导体/绝缘材料形成的 1 540 种垂直异质结进行高通量计算得到的最高 PCE（22.64%）[110]。这种超高的 PCE 可归因于 II 型 BC$_6$N/MoSe$_2$ 范德瓦耳斯异质结具有适当的带隙（1.84 eV）和小的 $\Delta E_c$（0.07 eV）。因此，将 BC$_6$N 堆叠在 MoSe$_2$ 上可以显著增强光产生的电子-空穴对在异质结中的有效分离，从而展现出优异的 PCE 特性，故 BC$_6$N/MoSe2 范德瓦耳斯异质结是一种很有前景的储能光伏材料。在电场作用下，PCE 的变化趋势与带隙变化趋势相似，PCE 随正电场的增大从 22.9% 逐渐下降到 19.1%。在负电场作用下，PCE 先从 22.9% 上升到 23.6%，然后随着负电场的增大而下降到 22.0%。BC$_6$N/MoSe$_2$ 范德瓦耳斯异质结在 $-0.05$ V/Å 电场下 PCE 最大，为 23.6%。这种超高的 PCE 可归因于 BC$_6$N/MoSe$_2$ 范德瓦耳斯异质结在外电场下具有较小的 $\Delta E_c$（0.03 eV），极小的供体与受体的 CBM 能级差使得光生电子可以更高的效率在层间转移，从而表现出极高的 PCE。

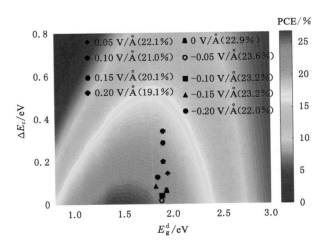

图 5-26　不同电场强度下 BC$_6$N/MoSe$_2$ 范德瓦耳斯异质结的 PCE

为了探索外加电场作用下的超高 PCE，进一步研究了 BC$_6$N/MoSe$_2$ 范德瓦耳斯异质结的能带结构。首先，考虑了电场对 BC$_6$N/MoSe$_2$ 范德瓦耳斯异质结中供体带隙的影响。在正电场作用下，MoSe$_2$ 的带隙（1.90～1.91 eV）变化不明显。而在负电场作用下，BC$_6$N 的带隙从 1.88 eV 减小到 1.85 eV,使得 $BC_6N/MoSe_2$ 范德瓦耳斯异质结具有较大的 $J_{sc}$。因此在负电场作用下,$BC_6N/MoSe_2$ 范德瓦耳斯异质结具有更高的 PCE。其次,考虑了 $BC_6N/MoSe_2$ 范德瓦耳斯异质结中单层 CBM 在电场作用下的能级差。在正电场作用下,随着 $BC_6N$ 的 CBM 接近费米能级,$\Delta E_c$ 从 0.07 eV 增加到 0.34 eV。因此,随着正电场的增大,$BC_6N/MoSe_2$ 范德瓦耳斯异质结的 $V_{oc}$ 降低,导致 $BC_6N/MoSe_2$ 范德瓦耳斯异质结的 PCE 降低。这种现象在负电场下也会发生,而 $BC_6N/MoSe_2$ 范德瓦耳斯异质结的 $\Delta E_c$ 由 0.03 eV 增加到 0.14 eV,比正电场下的 $\Delta E_c$ 要小,说明负电场对 $BC_6N/MoSe_2$ 范德瓦耳斯异质结的 PCE 影响较小。

综上所述,外电场下带隙和带边的规律变化,$BC_6N/MoSe_2$ 范德瓦耳斯异质结在正电场下 PCE 的规律变化,以及 $BC_6N/MoSe_2$ 范德瓦耳斯异质结在负电场下的高 PCE,表明 $BC_6N/MoSe_2$ 范德瓦耳斯异质结作为下一代太阳电池材料具有很大的潜力。

# 5.4 本章小结

二维材料因其优异的力学性能、高导热性和载流子迁移率而受到广泛关注,在光电、纳米电子、热电和生物电子器件中具有潜在的应用前景。其中,二维范德瓦耳斯异质结是二维材料中比较重要的一种结构,提供了一种调控材料性质和电子结构的全新自由度,丰富了二维材料体系的性质。在二维范德瓦耳斯异质结中,由于层间耦合较弱、原子表面平坦且没有悬挂键,具有高质量的界面,可以诱导产生独特的物理和化学性能。因此,有必要探索不同材料的范德瓦耳斯异质结。然而,与基于石墨烯的范德瓦耳斯异质结的广泛研究相比,对 $BC_6N$ 范德瓦耳斯异质结的研究十分有限。因此,基于单层 $BC_6N$,本章构建了两种不同结构的二维异质结,通过第一性原理研究了这两种异质结的稳定性、电子结构、光学和输运等性质,并通过外部应变与电场调控了它们的物理性质,具体研究内容和结论如下:

首先,对面内应变调控 $BC_6N/BN$ 范德瓦耳斯异质结的电子结构、光学性质以及载流子迁移率的调控机理进行了系统研究。结果表明,面内应变对 $BC_6N/BN$ 范德瓦耳斯异质结的总能量、带隙和内建电场均有显著影响,并呈现规律性的变化。在单层 BN 上叠加 $BC_6N$ 可以显著提高载流子迁移率。$BC_6N/BN$ 范德瓦耳斯异质结的载流子迁移率可以通过面内应变在不同方向上调节。$BC_6N/BN$ 范德瓦耳斯异质结的吸收系数在真空紫外光区显著增强。面内应变作用下,$BC_6N/BN$ 范德瓦耳斯异质结在可见光区出现新的吸收峰。$BC_6N/BN$ 范德瓦耳斯异质结具有良好的光吸收特性,在光电器件中具有巨大的应用潜力。

其次,研究了 $BC_6N/MoSe_2$ 范德瓦耳斯异质结的电子结构、光学性质、催化性能和 PCE,同时系统探索了外加电场对 $BC_6N/MoSe_2$ 范德瓦耳斯异质结的电子结构和 PCE 的调控机理。结果表明,$BC_6N/MoSe_2$ 范德瓦耳斯异质结具有 II 型带边对齐和间接带隙。在可见光区,$BC_6N/MoSe_2$ 范德瓦耳斯异质结的光吸收率高于单层 $BC_6N$ 和 $MoSe_2$ 的光吸收率。$BC_6N/MoSe_2$ 范德瓦耳斯异质结在酸性条件下对水分解有较强的活性。在无电场作用下,$BC_6N/MoSe_2$ 范德瓦耳斯异质结的 PCE 达到了 22.9%。外加电场没有改变 $BC_6N/MoSe_2$ 范德瓦耳斯异质结的带边对齐类型,但外加电场可以规律地调控 $BC_6N/MoSe_2$ 范德瓦耳斯异质结的带隙。在 $-0.05$ V/Å 的电场强度下,$BC_6N/MoSe_2$ 范德瓦耳斯异质结的 PCE 达到了 23.6% 的超高值,然后随着电场强度的增大而减小,但在 0.20 V/Å 的电场强度下,

PCE 仍然很高(19.1%)。所构建的 $BC_6N/MoSe_2$ 范德瓦耳斯异质结有效地促进了光生载流子分离,并可通过外电场进行调制。因此,$BC_6N/MoSe_2$ 范德瓦耳斯异质结具有优异的光吸收率、可调谐的电子结构和超高的 PCE,使其成为光催化和太阳电池材料的有力候选者。

本章从不同角度对 $BC_6N/BN$、$BC_6N/MoSe_2$ 范德瓦耳斯异质结的物理性质进行了调控,发现外加应变与电场是调控二维范德瓦耳斯异质结电子结构、光学性质、输运特性以及 PCE 的有效手段。所以,$BC_6N/BN$、$BC_6N/MoSe_2$ 范德瓦耳斯异质结是极具潜力的纳米电子器件与光电器件的候选材料。

# 参考文献

[1] BUSCEMA M,ISLAND J O,GROENENDIJK D J,et al. Photocurrent generation with two-dimensional van der Waals semiconductors[J]. Chemical Society reviews,2015,44 (11):3691-3718.

[2] ZHAO J J,CHENG K,HAN N N,et al. Growth control, interface behavior, band alignment,and potential device applications of 2D lateral heterostructures[J]. WIREs computational molecular science,2018,8(2):e1353.

[3] GEIM A K,GRIGORIEVA I V. Van der Waals heterostructures[J]. Nature,2013,499 (7459):419-425.

[4] HU X R,ZHENG J M,REN Z Y. Strong interlayer coupling in phosphorene/graphene van der Waals heterostructure:a first-principles investigation[J]. Frontiers of physics, 2017,13(2):137302.

[5] XUE W M,LI J,PENG X Y,et al. First principles study of semihydrogenated graphene and topological insulator heterojunction[J]. Journal of physics:condensed matter,2019,31(36):365002.

[6] LIU J T,XUE M M,WANG J L,et al. Tunable electronic and optical properties of arsenene/$MoTe_2$ van der Waals heterostructures[J]. Vacuum,2019,163:128-134.

[7] PHUC H V,ILYASOV V V,HIEU N N,et al. Electric-field tunable electronic properties and Schottky contact of graphene/phosphorene heterostructure [J]. Vacuum,2018,149:231-237.

[8] LI C L,WU G X,WANG C Y,et al. Tuning electronic and transport properties of $MoS_2/Ti_2C$ heterostructure by external strain and electric field[J]. Computational materials science,2018,153:417-423.

[9] ZHANG F,LI W,MA Y Q,et al. Strain effects on the Schottky contacts of graphene and $MoSe_2$ heterobilayers[J]. Physica E:low-dimensional systems and nanostructures, 2018,103:284-288.

[10] LIU H Y,YANG C L,WANG M S,et al. The high power conversion efficiency of a two-dimensional GeSe/AsP van der Waals heterostructure for solar energy cells[J]. Physical chemistry chemical physics,2021,23(10):6042-6050.

[11] WANG G Q,GUO Z M,CHEN C,et al. Exploring a high-carrier-mobility black

phosphorus/MoSe$_2$ heterostructure for high-efficiency thin film solar cells[J]. Solar energy,2022,236:576-585.

[12] GARCIA V G,BATISTA N N,ALDAVE D A,et al. Unlocking the potential of nanoribbon-based Sb$_2$S$_3$/Sb$_2$Se$_3$ van-der-Waals heterostructure for solar-energy-conversion and optoelectronics applications[J]. ACS applied materials & interfaces, 2023,15(47):54786-54796.

[13] WANG Y,ZHANG Y,WANG Y M,et al. Constructing van der Waals heterogeneous photocatalysts based on atomically thin carbon nitride sheets and graphdiyne for highly efficient photocatalytic conversion of CO$_2$ into CO[J]. ACS applied materials & interfaces,2021,13(34):40629-40637.

[14] XIE M Q,LI Y,LIU X H,et al. Enhanced water splitting photocatalyst enabled by two-dimensional GaP/GaAs van der Waals heterostructure [J]. Applied surface science,2022,591:153198.

[15] CHOI S H,YUN S J,WON Y S,et al. Large-scale synthesis of graphene and other 2D materials towards industrialization[J]. Nature communications,2022,13:1484.

[16] LEMME M C,AKINWANDE D,HUYGHEBAERT C,et al. 2D materials for future heterogeneous electronics[J]. Nature communications,2022,13:1392.

[17] BUBNOVA O. 2D materials grow large [J]. Nature nanotechnology, 2021, 16 (11):1179.

[18] BETS K V,GUPTA N,YAKOBSON B I. How the complementarity at vicinal steps enables growth of 2D monocrystals[J]. Nano letters,2019,19(3):2027-2031.

[19] DONG J C,ZHANG L N,DAI X Y,et al. The epitaxy of 2D materials growth[J]. Nature communications,2020,11(1):5862.

[20] NOVOSELOV K S,GEIM A K,MOROZOV S V,et al. Electric field effect in atomically thin carbon films[J]. Science,2004,306(5696):666-669.

[21] GEIM A K,NOVOSELOV K S. The rise of graphene[J]. Nature materials,2007,6 (3):183-191.

[22] ZHANG C H,ZHAO S L,JIN C H,et al. Direct growth of large-area graphene and boron nitride heterostructures by a co-segregation method [J]. Nature communications,2015,6:6519.

[23] LI J Z,CHEN M G,SAMAD A,et al. Wafer-scale single-crystal monolayer graphene grown on sapphire substrate[J]. Nature materials,2022,21(7):740-747.

[24] VARKENTINA N,AUAD Y,WOO S Y,et al. Cathodoluminescence excitation spectroscopy:nanoscale imaging of excitation pathways[J]. Science advances,2022,8 (40):eabq4947.

[25] KOSTOGLOU N,POLYCHRONOPOULOU K,REBHOLZ C. Thermal and chemical stability of hexagonal boron nitride (h-BN) nanoplatelets[J]. Vacuum,2015,112: 42-45.

[26] WANG X S,HOSSAIN M,WEI Z M,et al. Growth of two-dimensional materials on

hexagonal boron nitride (h-BN)[J]. Nanotechnology,2019,30(3):034003.

[27] CHETTRI B, PATRA P K, HIEU N N, et al. Hexagonal boron nitride (h-BN) nanosheet as a potential hydrogen adsorption material: a density functional theory (DFT) study[J]. Surfaces and interfaces,2021,24:101043.

[28] GONZALEZ-ORTIZ D, SALAMEH C, BECHELANY M, et al. Nanostructured boron nitride-based materials: synthesis and applications [J]. Materials today advances,2020,8:100107.

[29] JIAO C C,CAI T,CHEN H Y, et al. A mucus-inspired solvent-free carbon dot-based nanofluid triggers significant tribological synergy for sulfonated h-BN reinforced epoxy composites[J]. Nanoscale advances,2023,5(3):711-724.

[30] IQBAL M W, ELAHI E, AMIN A, et al. Chemical doping of transition metal dichalcogenides (TMDCs) based field effect transistors: a review[J]. Superlattices and microstructures,2020,137:106350.

[31] WANG Q,SHI R,ZHAO Y X, et al. Recent progress on kinetic control of chemical vapor deposition growth of high-quality wafer-scale transition metal dichalcogenides [J]. Nanoscale advances,2021,3(12):3430-3440.

[32] CHEN Z, DENG H, ZHANG M, et al. One-step facile synthesis of nickel-chromium layered double hydroxide nanoflakes for high-performance supercapacitors [J]. Nanoscale advances,2020,2(5):2099-2105.

[33] ZHOU G G, LI Z J, GE Y Q, et al. A self-encapsulated broadband phototransistor based on a hybrid of graphene and black phosphorus nanosheets [J]. Nanoscale advances,2020,2(3):1059-1065.

[34] MIAO Y H,WANG X J,SUN J, et al. Recent advances in the biomedical applications of black phosphorus quantum dots[J]. Nanoscale advances,2021,3(6):1532-1550.

[35] MATSUI K,ODA S,YOSHIURA K, et al. One-shot multiple borylation toward BN-doped nanographenes[J]. Journal of the American Chemical Society,2018,140(4): 1195-1198.

[36] ABDULLAH N R, ABDULLAH B J, TANG C S, et al. Properties of $BC_6N$ monolayer derived by first-principle computation: influences of interactions between dopant atoms[J]. Materials science in semiconductor processing,2021,135:106073.

[37] AHMADI S, RAEISI M, ESLAMI L, et al. Thermoelectric characteristics of two-dimensional structures for three different lattice compounds of B-C-N and graphene counterpart BX(X=P,As,and Sb) systems[J]. The journal of physical chemistry C, 2021,125(27):14525-14537.

[38] SHI L B, YANG M, CAO S, et al. Prediction of high carrier mobility for a novel two-dimensional semiconductor of $BC_6N$: first principles calculations [J]. Journal of materials chemistry C,2020,8(17):5882-5893.

[39] ABDULLAH N R,RASHID H O,TANG C S, et al. Modeling electronic, mechanical, optical and thermal properties of graphene-like $BC_6N$ materials: role of prominent

BN-bonds[J]. Physics letters A,2020,384(32):126807.

[40] LIU X B,MA X K,GAO H,et al. Valley-selective circular dichroism and high carrier mobility of graphene-like $BC_6N$[J]. Nanoscale,2018,10(27):13179-13186.

[41] MORTAZAVI B,SHAHROKHI M,RAEISI M,et al. Outstanding strength,optical characteristics and thermal conductivity of graphene-like $BC_3$ and $BC_6N$ semiconductors[J]. Carbon,2019,149:733-742.

[42] MUTHAIAH R,GARG J. Ultrahigh thermal conductivity in hexagonal $BC_6N$: an efficient material for nanoscale thermal management: a first principles study[J]. Computational materials science,2021,200:110773.

[43] NGAMWONGWAN L,MOONTRAGOON P,JARERNBOON W,et al. Novel BCN-phosphorene bilayer: dependence of carbon doping on band offsets for potential photovoltaic applications[J]. Applied surface science,2020,504:144327.

[44] WANG Z J,LUO Z B,LI J,et al. 2D van der Waals heterostructures of graphitic BCN as direct Z-scheme photocatalysts for overall water splitting: the role of polar $\pi$-conjugated moieties [J]. Physical chemistry chemical physics, 2020, 22 (41): 23735-23742.

[45] EBRAHIMI M,HORRI A,SANAEEPUR M,et al. A comparative computational study of tunneling transistors based on vertical graphene-hBCN heterostructures[J]. Journal of applied physics,2020,127(8):084504.

[46] LI L H,CERVENKA J,WATANABE K,et al. Strong oxidation resistance of atomically thin boron nitride nanosheets[J]. ACS nano,2014,8(2):1457-1462.

[47] NAGASHIMA A,TEJIMA N,GAMOU Y,et al. Electronic states of monolayer hexagonal boron nitride formed on the metal surfaces[J]. Surface science,1996,357/358:307-311.

[48] ZHOU H Q,ZHU J X,LIU Z,et al. High thermal conductivity of suspended few-layer hexagonal boron nitride sheets[J]. Nano research,2014,7(8):1232-1240.

[49] KUMAR R,RAJASEKARAN G,PARASHAR A. Optimised cut-off function for Tersoff-like potentials for a BN nanosheet: a molecular dynamics study [J]. Nanotechnology,2016,27(8):085706.

[50] DEAN C R,YOUNG A F,MERIC I,et al. Boron nitride substrates for high-quality graphene electronics[J]. Nature nanotechnology,2010,5(10):722-726.

[51] MAITY A,DOAN T C,LI J,et al. Realization of highly efficient hexagonal boron nitride neutron detectors[J]. Applied physics letters,2016,109(7):072101.

[52] JIANG H X,LIN J Y. Hexagonal boron nitride for deep ultraviolet photonic devices [J]. Semiconductor science and technology,2014,29(8):084003.

[53] TRAN T T,ZACHRESON C,BERHANE A M,et al. Quantum emission from defects in single-crystalline hexagonal boron nitride[J]. Physical review applied,2016,5(3):034005.

[54] GAO X D,YU C,HE Z Z,et al. Contaminant-free wafer-scale assembled h-BN/

graphene van der Waals heterostructures for graphene field-effect transistors[J]. ACS applied nano materials,2021,4(6):5677-5684.

[55] WU Z Q,LI X Q,ZHONG H K,et al. Graphene/h-BN/ZnO van der Waals tunneling heterostructure based ultraviolet photodetector[J]. Optics express, 2015, 23(15): 18864-18871.

[56] ZHANG Z P,JI X J,SHI J P,et al. Direct chemical vapor deposition growth and band-gap characterization of $MoS_2$/h-BN van der Waals heterostructures on Au foils[J]. ACS nano,2017,11(4):4328-4336.

[57] LIN S S,WANG P,LI X Q,et al. Gate tunable monolayer $MoS_2$/InP heterostructure solar cells[J]. Applied physics letters,2015,107(15):153904.

[58] MA L,LI M N,ZHANG L L. Electronic and optical properties of GaN/$MoSe_2$ and its vacancy heterojunctions studied by first-principles[J]. Journal of applied physics, 2023,133(4):045307.

[59] KUMAR K,HEDA N L,JANI A R,et al. Electronic and optical response of Cr-doped $MoSe_2$ and $WSe_2$:compton measurements and first-principles strategies[J]. Journal of physics and chemistry of solids,2017,107:23-31.

[60] ZHANG F,LI W,DAI X Q. Modulation of electronic structures of $MoSe_2$/$WSe_2$ van der Waals heterostructure by external electric field[J]. Solid state communications, 2017,266:11-15.

[61] ZHANG S Y,YUN J N,ZENG L R,et al. Interfacial electronic properties and tunable band offset in graphyne/$MoSe_2$ heterostructure with high carrier mobility[J]. New journal of chemistry,2023,47(15):7084-7092.

[62] BAFEKRY A, NASERI M, FARAJI M, et al. Theoretical prediction of two-dimensional $BC_2X(X=N,P,As)$ monolayers:ab initio investigations[J]. Scientific reports,2022,12:22269.

[63] BAFEKRY A, FARAJI M, FADLALLAH M M, et al. Two-dimensional porous graphitic carbon nitride $C_6N_7$ monolayer:first-principles calculations[J]. Applied physics letters,2021,119(14):142102.

[64] BAFEKRY A, SHAHROKHI M, SHAFIQUE A, et al. Two-dimensional carbon nitride $C_6N$ nanosheet with egg-comb-like structure and electronic properties of a semimetal[J]. Nanotechnology,2021,32(21):215702.

[65] BAFEKRY A, FARAJI M, FADLALLAH M M, et al. Biphenylene monolayer as a two-dimensional nonbenzenoid carbon allotrope:a first-principles study[J]. Journal of physics:condensed matter,2022,34:015001.

[66] SUN M L, RE FIORENTIN M, SCHWINGENSCHLÖGL U, et al. Excitons and light-emission in semiconducting $MoSi_2X_4$ two-dimensional materials[J]. NPJ 2D materials and applications,2022,6:81.

[67] CUI Z,YANG K Q,REN K,et al. Adsorption of metal atoms on $MoSi_2N_4$ monolayer: a first principles study[J]. Materials science in semiconductor processing,2022,

152:107072.

[68] CUI Z, YANG K Q, SHEN Y, et al. Toxic gas molecules adsorbed on intrinsic and defective $WS_2$: gas sensing and detection[J]. Applied surface science, 2023, 613:155978.

[69] CUI Z, WU H, BAI K F, et al. Fabrication of a g-$C_3N_4$/$MoS_2$ photocatalyst for enhanced RhB degradation[J]. Physica E: low-dimensional systems and nanostructures, 2022, 144:115361.

[70] CUI Z, REN K, ZHAO Y M, et al. Electronic and optical properties of van der Waals heterostructures of g-GaN and transition metal dichalcogenides[J]. Applied surface science, 2019, 492:513-519.

[71] WU X, XIE Y, YU B Y, et al. Modulation of electronic structure properties in bilayer phosphorene nanoribbons by transition metal atoms[J]. Physica E: low-dimensional systems and nanostructures, 2021, 130:114530.

[72] PANG Q, XIN H, CHAI R P, et al. In-plane strain tuned electronic and optical properties in germanene-MoSSe heterostructures[J]. Nanomaterials, 2022, 12 (19):3498.

[73] BAFEKRY A. Graphene-like $BC_6N$ single-layer: tunable electronic and magnetic properties via thickness, gating, topological defects, and adatom/molecule[J]. Physica E: low-dimensional systems and nanostructures, 2020, 118:113850.

[74] AASI A, MEHDI AGHAEI S, PANCHAPAKESAN B. Outstanding performance of transition-metal-decorated single-layer graphene-like $BC_6N$ nanosheets for disease biomarker detection in human breath[J]. ACS omega, 2021, 6(7):4696-4707.

[75] YU J H, HE C Z, HUO J R, et al. Electric field controlled $CO_2$ capture and activation on $BC_6N$ monolayers: a first-principles study[J]. Surfaces and interfaces, 2022, 30:101885.

[76] RAHIMI R, SOLIMANNEJAD M. Hydrogen storage on pristine and Li-decorated $BC_6N$ monolayer from first-principles insights[J]. Molecular physics, 2021, 119 (5):e1827177.

[77] AGHAEI S M, AASI A, FARHANGDOUST S, et al. Graphene-like $BC_6N$ nanosheets are potential candidates for detection of volatile organic compounds (VOCs) in human breath: a DFT study[J]. Applied surface science, 2021, 536:147756.

[78] YONG Y L, REN F F, ZHAO Z J, et al. Highly enhanced $NH_3$-sensing performance of $BC_6N$ monolayer with single vacancy and Stone-Wales defects: a DFT study[J]. Applied surface science, 2021, 551:149383.

[79] KAVIANI S, IZADYAR M. First-principles study of the binding affinity of monolayer $BC_6N$ nanosheet: implications for drug delivery[J]. Materials chemistry and physics, 2022, 276:125375.

[80] KAWAGUCHI M, IMAI Y, KADOWAKI N. Intercalation chemistry of graphite-like layered material $BC_6N$ for anode of Li ion battery[J]. Journal of physics and

chemistry of solids,2006,67(5/6):1084-1090.

[81] YU J H,JIN Y C,HU M L,et al. BC$_6$N as a promising sulfur host material for lithium-sulfur batteries[J]. Applied surface science,2022,577:151843.

[82] KARMAKAR S, DUTTA S. Strain-tuneable photocatalytic ability of BC$_6$N monolayer: a first principle study [J]. Computational materials science, 2022, 202:111002.

[83] BAFEKRY A, STAMPFL C. Band-gap control of graphenelike borocarbonitride g-BC$_6$N bilayers by electrical gating[J]. Physical review B,2020,102(19):195411.

[84] KIM K K,HSU A,JIA X T,et al. Synthesis and characterization of hexagonal boron nitride film as a dielectric layer for graphene devices[J]. ACS nano, 2012, 6(10): 8583-8590.

[85] WANG L F,WU B,CHEN J S,et al. Field-effect transistors:monolayer hexagonal boron nitride films with large domain size and clean interface for enhancing the mobility of graphene-based field-effect transistors[J]. Advanced materials, 2014, 26 (10):1474.

[86] WANG C Y,LI S R,WANG S F,et al. First-principles study of optical properties of monolayer h-BN and its defect structures under equibiaxial strain[J]. Applied physics A,2022,128(7):628.

[87] HUANG Z Y,HE C Y,QI X,et al. Band structure engineering of monolayer MoS$_2$ on h-BN:first-principles calculations[J]. Journal of physics D:applied physics, 2014, 47:075301.

[88] VILLEGAS C E P, ROCHA A R. Elucidating the optical properties of novel heterolayered materials based on MoTe$_2$-InN for photovoltaic applications[J]. The journal of physical chemistry C,2015,119(21):11886-11895.

[89] CLARK G,SCHAIBLEY J R,ROSS J,et al. Single defect light-emitting diode in a van der Waals heterostructure[J]. Nano letters,2016,16(6):3944-3948.

[90] WITHERS F, DEL POZO-ZAMUDIO O, SCHWARZ S, et al. WSe$_2$ light-emitting tunneling transistors with enhanced brightness at room temperature [J]. Nano letters,2015,15(12):8223-8228.

[91] YE Z Q, GENG H, ZHENG X P. Theoretical study on carrier mobility of hydrogenated graphene/hexagonal boron-nitride heterobilayer[J]. Nanoscale research letters,2018,13:376.

[92] LIU J,WU X,XIE Y,et al. Tuning electronic structures and optical properties of graphene/phosphorene heterostructure via electric field [J]. Micro and nanostructures,2022,164:107184.

[93] SHRIVASTAVA A, SAINI S, SINGH S. Ab-initio investigations of electronic and optical properties of Sn-hBN hetero-structure[J]. Physica B:condensed matter,2022, 624:413390.

[94] WANG S F,CHEN L Y,ZHANG T,et al. Half-metallic ferromagnetism in Cu-doped

ZnO nanostructures from first-principle prediction[J]. Journal of superconductivity and novel magnetism,2015,28:2033-2038.

[95] JIANG N N,XIE Y,WANG S F,et al. Electronic structure and carrier mobility of $BC_6N/BN$ van der Waals heterostructure induced by in-plane strains[J]. Applied surface science,2023,623:157007.

[96] LIU J,MA N K,WU W,et al. Recent progress on photocatalytic heterostructures with full solar spectral responses [J]. Chemical engineering journal, 2020, 393:124719.

[97] VASILOPOULOU M,SOULTATI A,FILIPPATOS P P,et al. Charge transport materials for mesoscopic perovskite solar cells[J]. Journal of materials chemistry C, 2022,10(31):11063-11104.

[98] HU W,LIN L,ZHANG R Q,et al. Highly efficient photocatalytic water splitting over edge-modified phosphorene nanoribbons[J]. Journal of the American Chemical Society,2017,139(43):15429-15436.

[99] DAI J,ZENG X C. Bilayer phosphorene:effect of stacking order on bandgap and its potential applications in thin-film solar cells[J]. The journal of physical chemistry letters,2014,5(7):1289-1293.

[100] LIU B,LONG M Q,CAI M Q,et al. Interfacial charge behavior modulation in 2D/ 3D perovskite heterostructure for potential high-performance solar cells[J]. Nano energy,2019,59:715-720.

[101] CHALA S,SENGOUGA N,YAKUPHANOĞLU F,et al. Extraction of ZnO thin film parameters for modeling a ZnO/Si solar cell[J]. Energy,2018,164:871-880.

[102] HE X,DENG X Q,SUN L,et al. Electronic and optical properties and device applications for antimonene/$WS_2$ van der Waals heterostructure[J]. Applied surface science,2022,578:151844.

[103] LIU Y L,SHI Y,YANG C L. Two-dimensional MoSSe/g-GeC van der Waals heterostructure as promising multifunctional system for solar energy conversion[J]. Applied surface science,2021,545:148952.

[104] MOHANTA M K,DE SARKAR A. Interfacial hybridization of Janus MoSSe and BX(X=P,As) monolayers for ultrathin excitonic solar cells,nanopiezotronics and low-power memory devices[J]. Nanoscale,2020,12(44):22645-22657.

[105] ZHOU B,CUI A Y,GAO L C,et al. Enhancement effects of interlayer orbital hybridization in Janus MoSSe and tellurene heterostructures for photovoltaic applications[J]. Physical review materials,2021,5(12):125404.

[106] MA S X,SU L C,JIN L,et al. A first-principles insight into Pd-doped $MoSe_2$ monolayer:a toxic gas scavenger[J]. Physics letters A,2019,383(30):125868.

[107] WANG J,HOU Y F,ZHANG X Z,et al. Tailoring the sensing capability of 2H-$MoSe_2$ via 3d transition metal decoration [J]. Applied surface science, 2023, 610:155399.

[108] CEBALLOS F, ZERESHKI P, ZHAO H. Separating electrons and holes by monolayer increments in van der Waals heterostructures [J]. Physical review materials,2017,1(4):044001.

[109] WANG V, XU N, LIU J C, et al. VASPKIT: a user-friendly interface facilitating high-throughput computing and analysis using VASP code[J]. Computer physics communications,2021,267:108033.

[110] LINGHU J J, YANG T, LUO Y Z, et al. High-throughput computational screening of vertical 2D van der Waals heterostructures for high-efficiency excitonic solar cells [J]. ACS applied materials & interfaces,2018,10(38):32142-32150.